ISO 9001：2015

プロセスアプローチの教本

実践と監査へのステップ10

小林 久貴　著

日本規格協会

はじめに

品質マネジメントシステムの基本は“プロセスアプローチ”であると言われています．またISO 9001の基本も“プロセスアプローチ”であると言われています．“プロセスアプローチ”とは簡単に言うと“品質をプロセスでつくり込む”ことなのですが，これがまたわかりにくいのです．日本の製造業で昔からよく言われた“品質を工程でつくり込む”ことを発展させたものなのですが，製造工程はもちろんのことすべての仕事に当てはめようというものです．しかし，“プロセスアプローチ”という言葉は聞いたことがあるけど，どういう意味なのか？　どんなメリットがあるのか？　具体的に何をすればよいのか？　がわからないという声が大変多いというのが事実です．

筆者は“プロセスアプローチ”について，コンサルティングや研修などを通じて様々な組織に導入の支援をしていますが，特に研修においては終了後によく言われたことがあります．その研修には品質マネジメントシステムの責任者や担当事務局の方が多く参加されているのですが，「今回の研修に参加して私たちは“プロセスアプローチ”をよく理解できたつもりですが，これから会社に戻って“プロセスアプローチ”を社内に普及させなければなりません．そのためのよいテキストはないでしょうか？　具体的に何をどう教えればよいのかがわからないのです．」と何人もの方から言われたのです．確かに“プロセスアプローチ”の実践つまり“品質をプロセスでつくり込む”のは品質マネジメントシステムの事務局ではなく，実際にプロセスに携わる人々なのです．そういう人たちにこそ“プロセスアプローチ”を理解してもらうためのテキストが必要だったのです．

本書はこうした経緯から企画されたもので，各プロセスの責任者を含む一般の運用担当者向けにやさしく基礎の基礎から“プロセスアプローチ”を理解し，身につけていただくことをねらいとしています．したがって，わかりやすい表現を心がけました．Step 1からStep 10まで各ステップで学ぶべきことを設定して，順番に取り組むことで，自然と“プロセスアプローチ”が身につくことを目指しました．これが“プロセスアプローチへのStep 10”なのです．

また，より理解を深めていただくために代表的なプロセスの事例をプロセスアプローチの事例集に載せています．さらに，ISO 9001：2015で強化された“プロセスアプローチ”について，ISO 9001要求事項とプロセスアプローチとの関連をわかりやすく説明しています．最後にISO 9000で定義されているプロセスアプローチにかかわる用語についても解説を加えています．これらによりISO 9001に基づく品質マネジメントシステムを運用する組織にとって大変役立つ内容となっています．

本文でも触れていますが，最終目的は“プロセスアプローチ”を身につけることではなく，“プロセスアプローチ”の実践により，組織にかかわるすべての人々が幸せになることです．“プロセスアプローチ”は目的ではなく，あくまでも手段であり，組織にかかわるすべての人々が幸せになることが目的なのです。この目的を忘れてはいけません．この目的をしっかり胸におさめたうえで本書を読み進めていただきたいと思います．本書を通じて，皆さんの最終目的が達成されることを期待します．

最後に本書の企画から出版に至るまで，多くの支援をいただいた日本規格協会出版事業グループの室谷誠さんに感謝いたします．ありがとうございました．

2016年10月

小林久貴

contents／目次

I　プロセスアプローチへのStep 10

導入（introduction）…… 11

Step 1　プロセスを理解する …… 13
- 1-1　プロセスとは活動のこと …… 14
- 1-2　プロセスはつながっている …… 16
- 1-3　プロセスは支えられている …… 18
- 1-4　プロセスは見つめられている …… 20
- 考えてみよう！解答例 …… 22

Step 2　プロセスアプローチを理解する …… 23
- 2-1　プロセスとそのつながりが品質マネジメントシステム …… 24
- 2-2　よい品質マネジメントシステムからよい結果が生まれる …… 26
- 2-3　よいプロセスからよい結果が生まれる …… 28
- 2-4　よいプロセスとなるためにプロセスを整える …… 30
- 考えてみよう！解答例 …… 32

Step 3　仕事でプロセスを考える …… 33
- 3-1　仕事はプロセスであると考える …… 34
- 3-2　部署の業務はプロセスであると考える …… 36
- 3-3　部署の連携業務はプロセスであると考える …… 38
- 3-4　会社の品質マネジメントシステムを考える …… 40
- 考えてみよう！解答例 …… 42

Step 4　プロセスの目を理解する …… 45
- 4-1　価値を付加するのがプロセス …… 46

4-2 プロセスを見守る …… 48
4-3 プロセスの目を使って見守る …… 50
4-4 プロセスの目でプロセスと向き合う …… 52
考えてみよう！ 解答例 …… 54

Step 5 リスクの目を理解する …… 57
5-1 リスクに対応するのがプロセス …… 58
5-2 リスクを見守る …… 60
5-3 リスクの目を使って見守る …… 62
5-4 リスクの目でプロセスと向き合う …… 64
考えてみよう！ 解答例 …… 66

Step 6 プロセスの目で分析する …… 69
6-1 プロセスの目でプロセスアプローチ …… 70
6-2 プロセスの目で横を見る …… 72
6-3 プロセスの目で斜めを見る …… 74
6-4 プロセスの目で上下を見る …… 76
考えてみよう！ 解答例 …… 78

Step 7 リスクの目で分析する …… 81
7-1 リスクの目でリスクアプローチ …… 82
7-2 リスクの目で横を見る …… 84
7-3 リスクの目で斜めを見る …… 86
7-4 リスクの目で上下を見る …… 88
考えてみよう！ 解答例 …… 90

Step 8 プロセスを管理する …… 93
8-1 プロセスの運用方法を決める …… 94
8-2 決められたとおりに実施する …… 96

8-3 決められたとおりに実施できているか確認する …… 98
8-4 決められたとおりに実施できていなければできるようにする …… 100
考えてみよう！ 解答例 …… 102

Step 9 プロセスを監査する …… 105
9-1 プロセスの目，リスクの目に基づき準備する …… 106
9-2 プロセスの目，リスクの目の両目で監査する …… 108
9-3 プロセスにひそむ悪さと弱さを見出す …… 110
9-4 品質マネジメントシステムにひそむ悪さと弱さを見出す …… 112
考えてみよう！ 解答例 …… 114

Step 10 プロセスを改善する …… 115
10-1 プロセスのPDCA …… 116
10-2 日常管理で改善する …… 118
10-3 現場改善活動で改善する …… 120
10-4 方針管理で改善する …… 122
考えてみよう！ 解答例 …… 124

付録（appendix）
ゴールから最終目的への道すじ …… 125
プロセスアプローチ事例集 …… 127

Ⅱ ISO 9001とプロセスアプローチ

ISO 9001とプロセスアプローチとの関連 …… 141
プロセスアプローチにかかわる用語 …… 152

I

プロセスアプローチへのStep 10

導入

introduction

この教本は，Step 1からStep 10まで着実にステップを踏んでいくことで，“プロセスアプローチ”が身につけられるように工夫しています．これらのステップは**“プロセスアプローチ”の考え方をあたまで理解し，演習を通じてからだで覚えることにより，“プロセスアプローチ”を単なる知識ではなく，実際の仕事に活かすことができるような実践力が身につくことをゴール**として，そこまでの道すじを示しています．今あなたはこのスタートラインに立っているのです．

Step 1　プロセスを理解する

Step 2　プロセスアプローチを理解する

Step 3　仕事でプロセスを考える

Step 4　プロセスの目を理解する

Step 5　リスクの目を理解する

Step 6　プロセスの目で分析する

Step 7　リスクの目で分析する

Step 8　プロセスを管理する

Step 9　プロセスを監査する

Step 10　プロセスを改善する

GOAL

これらのステップを順番に確実に進めていきます．途中から始めてはいけません．必ずStep 1から順に進めてください．Step 10が終わるころには，“プロセスアプローチ”が自然と身についているはずです．Step 10が終わればゴールですが，このゴールは“プロセスアプローチ”が身につくというゴールであって，最終目的ではありません．最終目的は，“プロセスアプローチ”を実践することで皆さんの仕事や部署としての業務，組織としての事業がねらったとおりにうまく運用され，その結果，お客様が望んでいるとおりの製品やサービスを提供することで，お客様が満足し，組織としても成功をおさめることです．それらが，皆さんのように組織で働く人々の幸せにもつながり，供給者を含む取引先などの関係者にとっても喜ばしいことなのです．

そうです，**“プロセスアプローチ”の最終目的は，組織にかかわるすべての人々が幸せになること**なのです．

当然ですが，皆さんはまだ“プロセスアプローチ”のことをよく知りません．でも“プロセスアプローチ”の最終目的は，理解できたと思います．皆さん自身の仕事や部署としての業務，組織としての事業を通じて“プロセスアプローチ”を実践することで最終目的が達成できるのです．

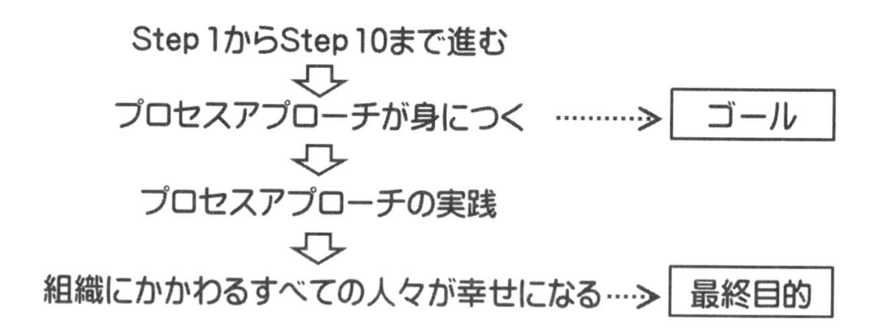

さあ，いよいよ始まりです．“プロセスアプローチ”の最初の一歩，Step 1から始めましょう．

Step 1 プロセスを理解する

《Step 1で学ぶこと》

プロセスアプローチを学ぶにあたって，このステップではまず“プロセス”とは何かを理解していただきます．プロセスとは，皆さんが日々行っている活動のことを言い，いろいろな細かな一連の活動（プロセス）が順序よくつながって成り立っています．プロセスはなんらかのきっかけ（インプット）で始まり，結果（アウトプット）を出すのですが，よい結果（アウトプット）を得るためには，そのプロセスを支える人とモノ（道具，環境，ユーティリティなど）が必要で，十分な状態であることが求められます．よい結果（アウトプット）でなかったとしたら，プロセスを見つめて問題点を改善します．

《プロセスアプローチへのStep10》

START

▼

あなたの現在地 → **Step 1** プロセスを理解する

- **1-1** プロセスとは活動のこと
- **1-2** プロセスはつながっている
- **1-3** プロセスは支えられている
- **1-4** プロセスは見つめられている

Step 2 プロセスアプローチを理解する
Step 3 仕事でプロセスを考える
Step 4 プロセスの目を理解する
Step 5 リスクの目を理解する
Step 6 プロセスの目で分析する
Step 7 リスクの目で分析する
Step 8 プロセスを管理する
Step 9 プロセスを監査する
Step10 プロセスを改善する

▼

GOAL

Step
1-1

プロセスとは活動のこと

“プロセスアプローチ”と言われてもピンとこないですよね．そもそも“プロセス”という言葉になじみがありません．“品質をプロセスでつくり込む”ことだと言われても，ますますわからなくなってしまいます．そこで，まず“プロセス”とは何かを理解することにしましょう．**“プロセス”とは，過程とか工程などと訳されることが多いのですが，ずばり，あなたが日々行っている活動のこと**を言います．ご飯を作る活動，ご飯を食べる活動，通勤する活動，仕事する活動，娯楽に興じる活動などなど，さまざまな活動をしています．その活動こそが“プロセス”なのです．

一つの活動は細かな活動が集まっていると考えられます．料理する活動の例で考えてみましょう，料理する活動には，まずどんな料理を作るかを決める活動があります．料理し慣れていなければレシピを調べる活動が必要です．そして，料理の材料を買う活動，材料を下ごしらえする活動，実際に炒めたり煮たり味付けしたりする活動，出来上がったものを盛り付ける活動があります．このようにひとくちに料理する活動と言っても，いろいろな細かな一連の活動で成り立っているのです．

プロセスとは活動のことですから，**プロセスはいろいろな細かな一連の活動で成り立っている**と言えるのです．ということは，**プロセスはいろいろな細かなプロセスで成り立っている**とも言えます．

また，一つのプロセスの大きさは，細かなプロセスをどこからどこまでとするかで変わってきます．つまり，**プロセスは結合したり，分解したりできる**のです．

料理する活動	
料理を決定する活動	下ごしらえする活動
レシピを調査する活動	加熱・調味する活動
買い出しする活動	盛り付ける活動

料理プロセス	
料理決定プロセス	下ごしらえプロセス
レシピ調査プロセス	加熱・調味プロセス
買い出しプロセス	盛り付けプロセス

考えてみよう！

Q1-1：コンビニエンスストアで買い物をして，レジでお金を払っている場面を思い出してみましょう．レジを担当する活動にはどのようなことがあるでしょうか？　それらの活動をレジプロセスと考えてよいでしょうか？

記入欄　例）おつりを間違いなく渡す

-
-
-
-
-
-
-
-
-
-

Step
1-2

プロセスはつながっている

料理の例では，どんな料理を作るかを決めるプロセス，レシピを調べるプロセス，料理の材料を買うプロセス，材料の下ごしらえをするプロセス，実際に炒めたり煮たり味付けしたりする加熱や調味をするプロセス，出来上がったものを盛り付けるプロセスがありました．これらのプロセスは単独でバラバラに存在しているのではなく，順序よくつながっています．そして，つながった全体が料理プロセスと言えます．

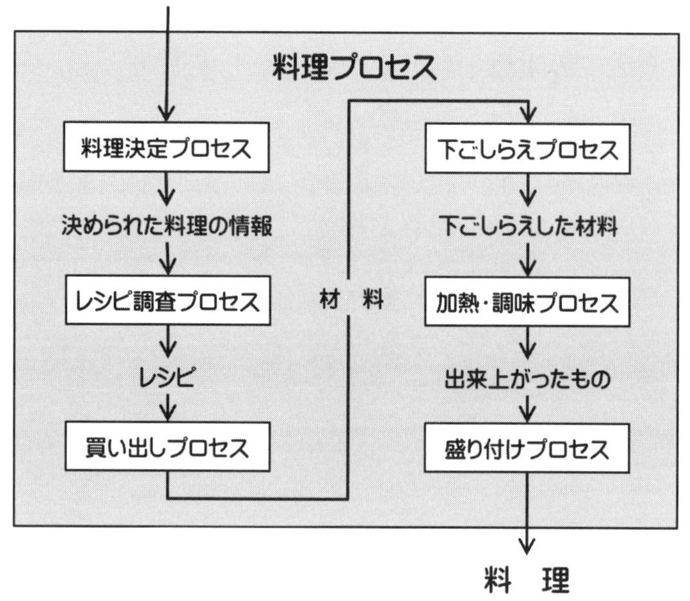

プロセスには必ずきっかけがあります．友達が大勢来るから料理をたくさん作らなければならないとすると，きっかけは友達が大勢来るという情報です．そして，料理を作るというのがプロセスになります．テーブルに並ぶたくさんの料理がその結果であり，その料理を囲んでみんなで盛り上がることになるでしょう．

これを見ると**プロセスには必ず順序があって，つながっている**ことがわかります．どのようにつながっているかというと，友達が大勢来るという情報が，料理決定プロセスに入ります．そこで料理が決まりその情報がレシピ調査プロセスに入ります．そこでレシピがわかり，材料の情報が買い出しプロセスに入ります．そこで材料がそろい，その材料が下ごしらえプロセスに入ります．そこで下ごしらえされた材料が加熱・調味プロセスに入ります．そこで加熱・調味され出来上がったものが盛り付けプロセスに入ります．こうして盛り付けられた料理が提供され，みんなで食べることができるのです．

考えてみよう！

Q1-2：コンビニエンスストアにおける活動には，レジ活動以外に何があるでしょうか？　それらはつながりがあると言えるでしょうか？

記入欄　例）商品を並べる活動

-
-
-
-
-
-
-
-
-
-
-
-

Step
1-3
プロセスは支えられている

料理をするのはやはり人です．包丁や調理器具を使いこなし，きちんと味を調えることができる人が必要です．それと鍋やフライパンさらにコンロやオーブンなどの調理器具がなければ料理はできません．そもそも衛生的なキッチンがなければよい料理ができません．このように加熱・調味プロセスひとつとっても人や道具などが必要であり，これらがなければうまく活動できなくなり料理を作るという目的を達成できません．他にも水，ガス，電気が必要ですし，レシピをタブレット端末で調べるのであれば，タブレット端末があり，インターネット環境が整っていなければなりません．そうです，プロセスは人，道具，環境，ユーティリティ（水，ガス．電気などのこと）が整っていないとうまくいかないのです．言い方をかえると**プロセスは人やモノ（道具，環境，ユーティリティなど）に支えられている**ということです．加熱・調味プロセスでのイメージを示します．

支える人，支えるモノがあってプロセスがうまくいくのです．しかし，

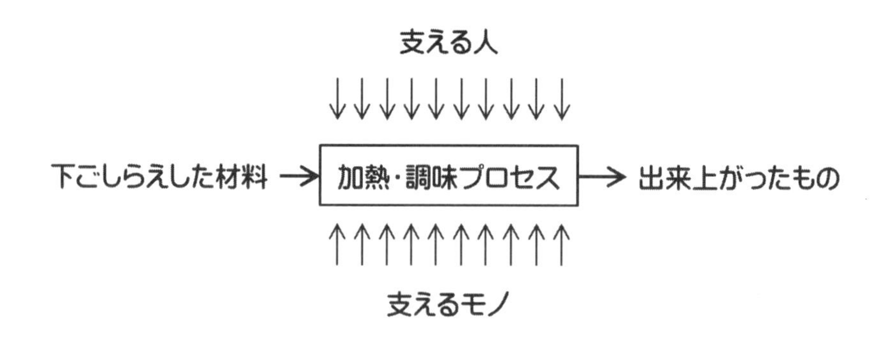

支える人が誰でもよいとか，支えるモノがなんでもよいということではありません．**支える人はプロセスをきちんと支えられるだけの知識や技能といった力量がなければなりませんし，正しく間違いのない活動，すなわちプロセスをうまくやっていくのだという認識をもっていなければなりません．支えるモノもプロセスをきちんと支えられるだけの性能を発揮するモノで，その性能がいつでも同じように発揮できるよう維持されていなければなりません．**

加熱・調味プロセスにおいて支える人，支えるモノに求められることの一例を挙げると以下のようになります．

支える人	• 味の違いがわかる • 包丁がうまく使える • 調理器具の使い方がわかっていて実際使える
支えるモノ	• いつでも火力が十分なコンロ，オーブン • 清潔で使いやすい鍋・フライパン・包丁 • 衛生的なキッチン・十分な量の水，安定したガス，電気

考えてみよう！

Q1-3：コンビニエンスストアのレジプロセスにおいて，支える人には何が求められますか？　支えるモノにはどのようなものがあり，何が求められますか？

記入欄

＜支える人＞　例）笑顔で元気よく挨拶ができる

•　　　　　　　　•

＜支えるモノ＞　例）レジスター，故障なく正しく機能する

•　　　　　　　　•

Step
1-4
プロセスは見つめられている

いくらレシピどおりに料理をしても，味見はしなければなりません．何か失敗しているかもしれないからです．料理は見た目も大事ですので，おいしそうに見えるように盛り付け，おいしそうに見えるか目で見て確かめなければなりません．味見と目で見て確認してこそ，自信をもって料理を出すことができるのです．もしだめならやり直しです．

しかし，そもそも料理を作る目的は，大勢の友達に満足してもらうことですので，本当に満足してもらえたのかどうかが重要です．では，どのようにして友達に満足してもらえたのかどうかがわかるのでしょうか？

まず，友達の表情を見ることでわかるでしょう．おいしければおいしそうに食べてもらえるはずです．聞いてみるのもよいでしょう．食べ残しの量でも満足してくれたのかどうか，少しはわかります．満足してくれたのであれば，残さず食べてくれることでしょう．大勢の友達をもう一度招待するとよくわかるかもしれません．満足しなかった友達は，やんわりと断るでしょうから，再度参加してくれた友達の数とか比率で満足度がはっきりすることでしょう．また，一度参加してくれた友達が新たな友達を連れてくるとなったら，それは満足した証です．新しい友達の参加具合も料理プロセスのよい結果としての尺度になることでしょう．

プロセスはなんらかのきっかけで始まり，結果を出します．加熱・調味プロセスでは，きっかけは下ごしらえした材料，結果は加熱・調味で出来上がったものでした．実は，このきっかけを**インプット**と言います．

プロセスに情報やモノがインプットされるからです．プロセスの結果を**アウトプット**と言います．プロセスから出てくるからでしょう．このアウトプットがよい結果をもたらしたかどうかを見つめるのです．もしよい結果でなかったとしたら，よい結果が得られるように何かを変えなければなりません．

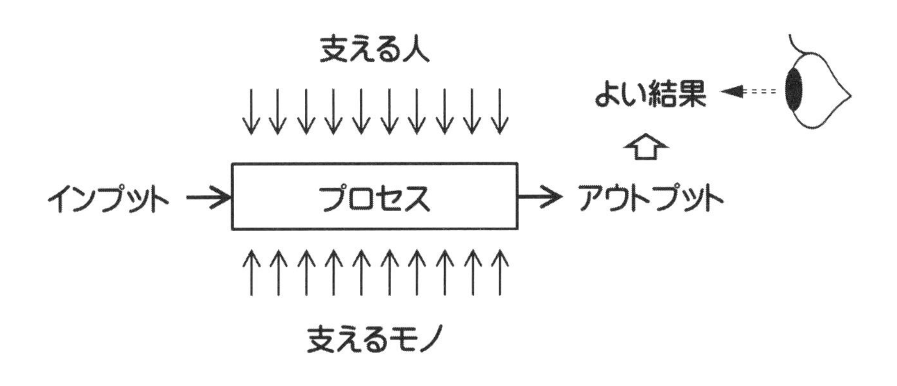

考えてみよう！

Q1-4：コンビニエンスストアのレジプロセスにおいて，見つめるべきことにどのようなものがありますか？

記入欄 例）レジの残金が正しい金額になっているかどうか

-
-
-
-
-
-
-

-
-
-
-
-
-
-

考えてみよう！ 解答例

Q1-1 ・すべての商品のバーコードを正しく読み取る
・渡されたお金を間違いなく受け取る
・商品に見合った袋詰めを行う
・商品に見合ったサービス品（箸、スプーン）を渡す
・商品に見合ったサービス（弁当の温めなど）を行う
……これらの活動はレジプロセスと考えてよい

Q1-2 ・届いた商品が間違いないか確認する活動
・補充すべき商品をバックヤードから持ってくる活動
・店内をきれいに清掃する活動
・店内調理をする活動
・消費期限切れの商品を処分する活動
……これらの活動はつながっていると言える

Q1-3 ＜支える人＞
・商品に必要なサービス品を理解している
・レジスター機器を取り扱うことができる
・クレジットカードやポイントカードの処理ができる
＜支えるモノ＞
・プラスチック袋：適切な大きさの袋が適量用意されている
・バーコード読み取り機：正しく機能する
・精算する台：清潔で余計なものがない

Q1-4 ・お客様からの苦情が来ているかどうか
・お客様を待たせずに精算ができているかどうか
・渡すべきものを渡していないなどのミスをしていないかどうか
・精算がごまかされていないかどうか

Step 2 プロセスアプローチを理解する

《Step 2で学ぶこと》

このステップでは“プロセスアプローチ”とは何かを理解していただきます．顧客からの要望など最初のインプットから製品・サービスといった最終のアウトプットによって顧客満足（よい結果）が得られるまでの，プロセスとそのつながり全体のことを“品質マネジメントシステム”と言います．当然のことながら，よい結果はよい品質マネジメントシステムから生まれます．よい品質マネジメントシステムであるためには，よいプロセスのつながりである必要があります．そして，よいプロセスとなるためには，それぞれのプロセスを整えることが大切なのです．このプロセスを整えて，よい結果を得ようという考え方を“プロセスアプローチ”と言います．

《プロセスアプローチへのStep10》

START

▼

Step 1　プロセスを理解する

あなたの現在地 → Step 2　プロセスアプローチを理解する

2-1　プロセスとそのつながりが品質マネジメントシステム

2-2　よい品質マネジメントシステムからよい結果が生まれる

2-3　よいプロセスからよい結果が生まれる

2-4　よいプロセスとなるためにプロセスを整える

Step 3　仕事でプロセスを考える

Step 4　プロセスの目を理解する

Step 5　リスクの目を理解する

Step 6　プロセスの目で分析する

Step 7　リスクの目で分析する

Step 8　プロセスを管理する

Step 9　プロセスを監査する

Step10　プロセスを改善する

▼

GOAL

Step
2-1
プロセスとそのつながりが品質マネジメントシステム

プロセスには必ず順序があって，つながっていることを説明しました．前のプロセスのアウトプットが次のプロセスのインプットとなり，それらが順序よくつながっているのです．それでは，最初のインプットは何でしょうか？レストランの例でイメージしてみましょう．レストランでは，勝手に料理を作って出すのではなく，お客様が食べたくなるような料理を考えて提供しなければお店は成り立ちません．したがって，最初のインプットはお客様の要望である“おいしい料理をよい雰囲気で味わいたい”になるでしょう．そうなると最後のアウトプットは“おいしい料理”と“よい雰囲気”になります．

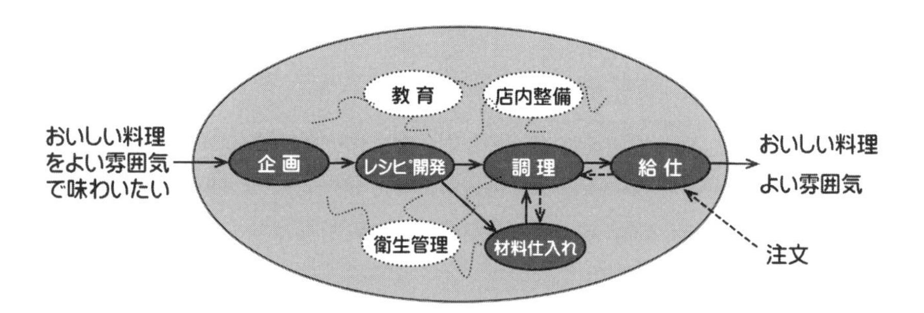

最初から最後までの流れを整理すると，お客様の要望である“おいしい料理をよい雰囲気で味わいたい”がインプットされ，これに応えるべく新メニュー企画，レシピ開発，材料仕入れ，調理，給仕という直接的なプロセスや教育，インテリアを担当する店内整備，衛生管理など間接的なプロセスにより，最終的に“おいしい料理”と“よい雰囲気”がア

ウトプットされ，お客様が満足されるのです．また，注文がなければ調理が始まりません，リピートの場合は，注文が最初のインプットとなります．

一つのプロセスのアウトプットが複数のプロセスのインプットになることもあるし，複数のプロセスのアウトプットが一つのプロセスのインプットになることもあります．レストランの例でも，レシピ開発プロセスからは，材料仕入れプロセスにはレシピの材料に関する情報，調理プロセスにはレシピの調理に関する情報の二つがアウトプットされています．一方，調理プロセスには，レシピ開発プロセスからのレシピの調理に関する情報と材料仕入れプロセスからの材料の二つがインプットされています．

多くの場合，**最初のインプットは顧客からの要望（注文，引き合い，市場情報など）になります．最終のアウトプットは製品やサービスとなり，結果的に顧客満足が得られるということになります．これらのプロセスのつながり全体が品質マネジメントシステム**なのです．

考えてみよう！

Q2-1：コンビニエンスストアのプロセスのつながりはどのようになっているでしょうか？　矢印（→）でつながりを示してください．

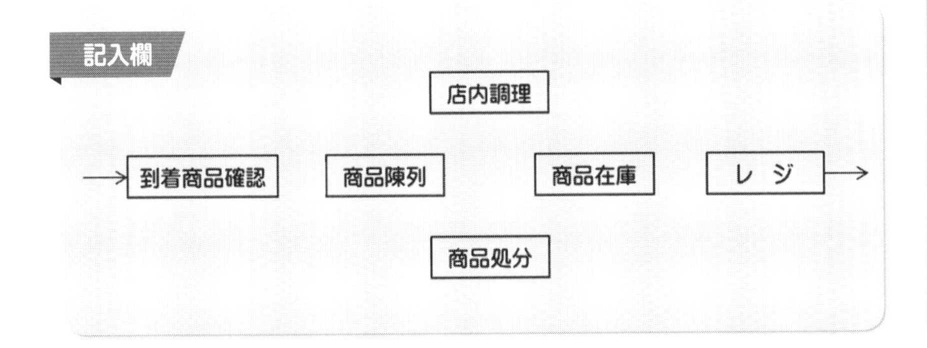

Step
2-2
よい品質マネジメントシステムからよい結果が生まれる

品質マネジメントシステムへの最初のインプットは顧客からの要望（注文，引き合い，市場情報など）で，最終のアウトプットは製品やサービスであり，結果的に顧客満足が得られるということでした．顧客満足が得られれば，よい結果だったと言えます．

レストランの例で考えてみましょう．レストランで，よい結果とは何でしょうか？まずは，食べてみたい料理があり，しかも，おいしくいただけるということでしょう．そして，会話のはずむ落ち着いた雰囲気と清潔さが求められます．それとお店の人たちのたくさんの笑顔や気配りが気持ちを和やかにしてくれます．もちろんスマートな給仕は欠かせません．このように，レストランでのよい結果は料理だけでなく様々なことがよくなければならないのです．

レストランでよい結果を得るためには，食べたくなるような料理を考える，おいしくなるように調理する，店内の雰囲気をよくするためにインテリアを考えて整える．店員への教育を適切に行い，笑顔や気配りができるようにする．確実でスマートな給仕の訓練をする．よくよく考えてみると，これらは活動であるのでプロセスと言えます．そしてこれらのプロセスはつながっているので，まさしくレストランの品質マネジメントシステムと言えます．ということは，**よい結果というのは，よいプロセスとそのつながり，すなわち，よい品質マネジメントシステムから生まれる**ということがわかります．

よい結果を得ようとするなら，よい品質マネジメントシステムでなければならないということです．したがって，**よい結果を得るためには，**

顧客の要望
(ニーズ・期待) → 品質マネジメントシステム → 製品・サービス ⇒ 顧客満足
よい結果

品質マネジメントシステムを正しく整えることが求められます．やみくもに製品やサービスを提供してもだめなのです．一方，よい品質マネジメントシステムにすればよい結果が得られるわけですが，何ごとにおいても完璧というものはありません．残念ながら，よい結果が得られないこともあります．そのときは，品質マネジメントシステムの何かが悪いということになるので，悪いところを見つけ出して直さなければなりません．

考えてみよう！

Q2-2：あなたがよく利用しているお気に入りのコンビニエンスストアのどこがよいのか挙げてください．それはコンビニエンスストアの品質マネジメントシステムのどこがよいのか考えてください．

記入欄 例）店員の感じがとてもよい：店員教育

-
-
-
-
-
-

Step
2-3
よいプロセスから よい結果が生まれる

品質マネジメントシステムとはプロセスとそのつながりでした．ということは，品質マネジメントシステムでよい結果を得ようとするならば，プロセスでよい結果を出さなければなりません．プロセスでよい結果を出すためには，よいプロセスであることが求められます．つまり，**よいプロセスからよい結果が生まれるということ**なのです．

レストランのプロセスには，どのようなプロセスがあるかと言うと，直接的なプロセスとしては，食べたくなるような料理を考える新メニュー企画プロセス，具体的にどのような材料でどのように調理するのかを決めるレシピ開発プロセス，新鮮で質のよい材料を入手する材料仕入れプロセス，おいしくなるように調理する調理プロセス，確実でスマートさを求められる給仕プロセスがありました．さらに間接的なプロセスとして教育プロセス，店内整備プロセス，衛生管理プロセスがありました．**これらのプロセスは，どれか一つのプロセスががんばればよいというものではなく，どのプロセスでも手は抜けません．すべてのプロセスがよい結果を出さなければならない**のです．

新メニュー企画プロセスで手を抜けば，食べたくなるような料理がなくなりお客様に飽きられてしまいます．レシピ開発プロセスで手を抜けば，おいしくて質の高い料理にはなりません．調理プロセスで手を抜けば，味がばらついて常連客が離れていくことになります．給仕プロセスで手を抜けば，サービスの質が低い店だと評価され，お客様が寄り付かなくなります．直接的なプロセスだけでなく，間接的なプロセスでも同様で，教育プロセスで手を抜けば，感じの悪い店だと評判になってしまいます．店内整備プロセスで手を抜けば，店内の雰囲気が悪くなり，せっかくの料理も台無しです．衛生管理プロセスで手を抜けば，食中毒の危険性が高まってしまいます．

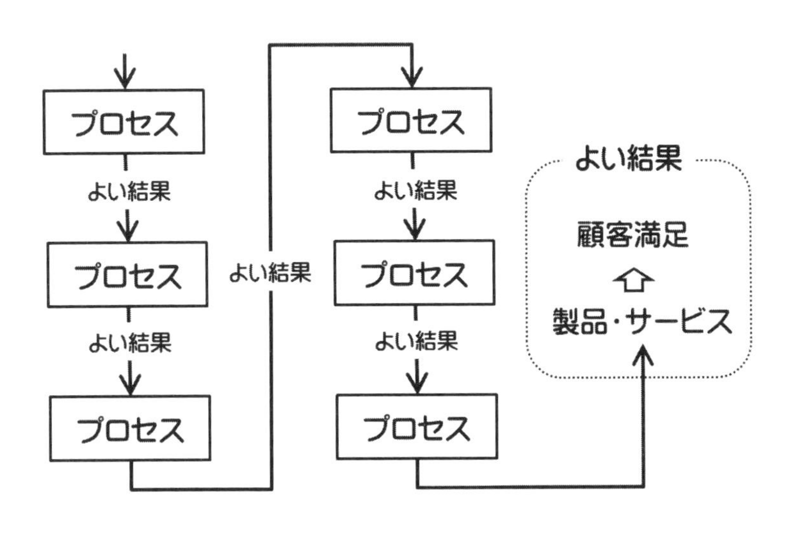

考えてみよう！

Q2-3：コンビニエンスストアの品質マネジメントシステムのどこがよいのか **Q2-2** で挙げた中で，そのプロセスのよい結果とは何かを考えてください．

記入欄　例）店員教育プロセス：笑顔で元気な挨拶ができる

-
-
-
-
-
-

Step
2-4
よいプロセスとなるために プロセスを整える

よいプロセスからはよい結果が生まれるということでした．それでは，よいプロセスとなるためには何をすればよいのでしょうか．レストランの調理プロセスで考えてみましょう．調理プロセスには，材料仕入れプロセスから材料がインプットされます．また，調理プロセスからは給仕プロセスへ料理がアウトプットされます．材料がインプットされ，料理がアウトプットされることになります．料理というアウトプットをねらいどおりに作らなければなりません．必要な材料はそろっているので，その材料をきちんと洗う必要があります．汚れが残らないようにするのはもちろんですが，どの程度まで洗うのかを決めておかなければなりません．サラダなどで生野菜を提供する場合は，食中毒の危険もあるので洗剤などでしっかり洗って，よくすすぐことが求められます．そして，材料を所定の大きさに切らなければなりません．レシピには大体の大きさが示されていますが，その大きさになっているかどうかしっかり確かめて切らなければなりません．そのためには包丁をうまく使える必要もあります．下ごしらえした材料を煮込む場合は，適切な大きさの鍋を用意しなければなりません．コンロには必要な火力があり，問題なく使えるようになっている必要があります．鍋に何をどの順番に入れるのか，どのくらい煮込むのかをレシピで確認したうえで，火力を所定の強さに調整して，レシピに指定されている時間で煮込まなければなりません．その時間もおおよその勘ではなく，タイマーを用意して，指定された時間をセットし，タイマーが鳴ったら火を止める必要があります．調味料も指定されている量を計量カップや計量スプーンなどの計量器できちんと計って，鍋に入れる必要があります．

そうです，この調理プロセスのようにねらいどおりの料理をアウトプットするためには，**プロセスで押さえるべきことをきちんと決めておいて，それがうまくいくように整えておく必要があります**．“整える”とは押さえるべきことが煮込む時間であれば，ねらいを○○分と決める．ねらいどおりの時間になっていることの確認の仕方はタイマーを使用すると決める，やり方は時間をセットし，タイマーが鳴ったら火を止めると決める．支える人は調理の腕前が必要と決める，支えるモノは調理器具やキッチンが用意され，いつでも十分に使えるようにすると決める，ことなどです．このように**よいプロセスとなるためには，プロセスで押さえるべきことや用意すべきものを整えることが大切**なのです．プロセスにおいて整えるべきことは，**押さえどころ．ねらい，ねらいどおりになっていることの確認の仕方，やり方，支える人，支えるモノ**が挙げられます．

考えてみよう！

Q2-4：コンビニエンスストアのレジプロセスで整えるべきことを考えてください．“押さえどころ”はおつりの金額とします．

押さえどころ	おつりの金額
ねらい	
ねらいどおりになっていることの確認の仕方	
やり方	
支える人	
支えるモノ	

考えてみよう！ 解答例

Q2-1：

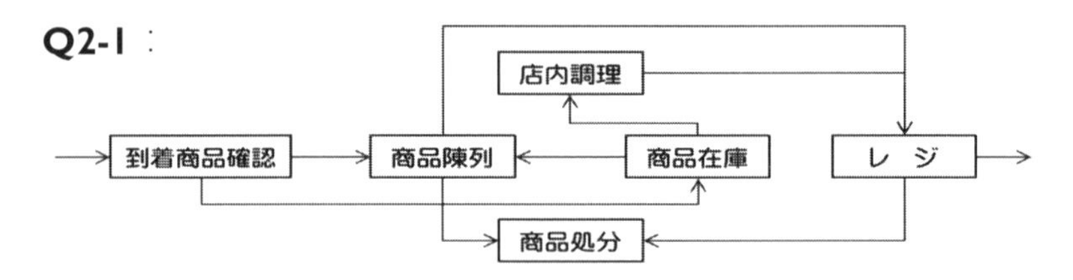

Q2-2
- 店内もトイレもいつも清潔：清掃
- 買い物がしやすいレイアウト：レイアウト企画
- 到着したばかりの商品がすぐ並ぶ：商品陳列
- できたてのから揚げがおいしい：店内調理

Q2-3
- 清掃プロセス：店内だけでなくトイレも清潔なので利用者が増える
- レイアウト企画プロセス：買い物がしやすくなって売り上げも増える
- 商品陳列プロセス：どこの店よりも早く新鮮なお弁当が買えるようになる
- 店内調理プロセス：できたてを提供できるようになり評判が上がる

Q2-4：

押さえどころ	おつりの金額
ねらい	正しい金額
ねらいどおりになっていることの確認の仕方	おつりと合計金額を足して受け取った金額と合っているか確認
やり方	受け取ったお金をすぐにレジに入れない
支える人	お金を数えられて足し算，引き算ができる人
支えるモノ	レジスター機器

Step 3 仕事でプロセスを考える

《Step 3で学ぶこと》

ここまでで“プロセスアプローチ”の基本的な考え方を理解していただきました．このステップでは仕事，部署の業務，部署間の連携業務，会社の品質マネジメントシステムにおける“プロセスアプローチ”を理解していただきます．皆さんの仕事も活動なのでプロセスです．さらに皆さんは単独で仕事をしているのではなく部署に所属して活動しているので部署の業務もプロセスです．会社ではそれぞれの部署が連携して活動をしているので部署間の連携業務もプロセスです．これらのプロセスはもちろんのこと，会社の品質マネジメントシステムもプロセスとそのつながりでできているので“プロセスアプローチ”が求められます．

《プロセスアプローチへのStep10》

START

Step 1 プロセスを理解する
Step 2 プロセスアプローチを理解する
あなたの現在地 → **Step 3** 仕事でプロセスを考える
　3-1 仕事はプロセスであると考える
　3-2 部署の業務はプロセスであると考える
　3-3 部署間の連携業務はプロセスであると考える
　3-4 会社の品質マネジメントシステムを考える
Step 4 プロセスの目を理解する
Step 5 リスクの目を理解する
Step 6 プロセスの目で分析する
Step 7 リスクの目で分析する
Step 8 プロセスを管理する
Step 9 プロセスを監査する
Step10 プロセスを改善する

GOAL

Step
3-1

仕事はプロセスであると考える

さて，皆さんは日々仕事をされていることでしょう．**仕事は会社での活動なので，仕事はプロセスであると言えます**．プロセスはなんらかのきっかけで始まり，結果を出します．このきっかけをインプットと言い，プロセスの結果をアウトプットと言いました．皆さんの仕事でも必ずインプットがあり，アウトプットがあります，そして，プロセスには支える人，支えるモノがあります．あなたの仕事を支える人，支えるモノは何でしょうか？支える人はあなた自身です．あなたに求められる能力とは何かを考えてください．支えるモノについては，あなたが仕事をするうえで必要な道具や設備，作業環境を考えてください．さらに，プロセスは見つめられています．あなたの仕事も同じように見つめられています．あなたの仕事がうまくいっているかどうかです．あなたの仕事がうまくいっているかどうか何を見て判断しているのでしょうか？その答えが **“見つめるべきこと”** なのです．

会社や上司は当然あなたが仕事でよい結果を出すことを期待していま

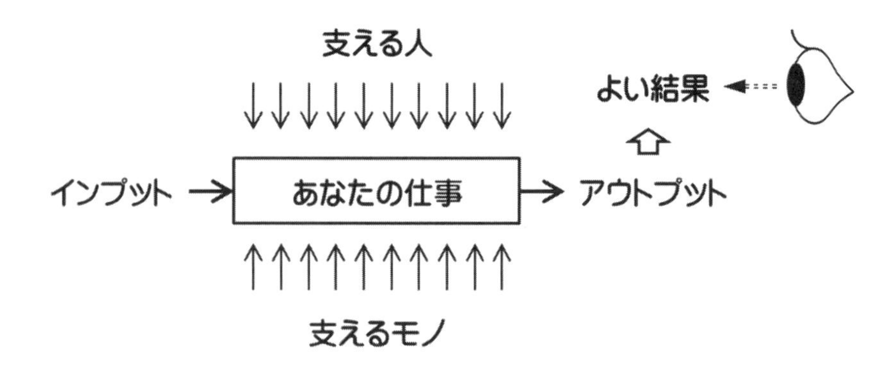

す．よい結果を出すためには，よいプロセスでなければなりませんし，よいプロセスであるためには，プロセスを整えなければなりません．あなたにも仕事のプロセスを整えることが求められます．プロセスにおいて整えるべきことは，**“押さえどころ”．“ねらい”，“ねらいどおりになっていることの確認の仕方”，“やり方”，“支える人”，“支えるモノ”**などでした．あなたの仕事で考えてみましょう．押さえどころはよい結果を出すための押さえるべきポイントです．ねらいはそのポイントがどの程度ならよいかです．ねらいどおりになっていることの確認の仕方とは，ねらいの範囲に入っているかどうか，どうやって確認するのかです．やり方は仕事の手順と考えてください．

考えてみよう！

Q3-1：あなたの仕事の“インプット”，“アウトプット”，“見つめるべきこと”，よい結果を出すための“押さえどころ”．“ねらい”，“ねらいどおりになっていることの確認の仕方”，“やり方”，“支える人”，“支えるモノ”を考えてください．

インプット	
アウトプット	
見つめるべきこと	
押さえどころ	
ねらい	
ねらいどおりになっていることの確認の仕方	
やり方	
支える人	
支えるモノ	

Step 3-2

部署の業務はプロセスであると考える

皆さんは日々仕事をされていますが，一人ひとりが勝手気ままに仕事をしているわけではありません．少なくとも皆さんは課や係などの部署に所属しており，他の人と連携して仕事をしているはずです．部署として目指すべき結果があり，その結果を達成するために部署内の皆が協力して仕事をしていることでしょう．

部署として目指すべき結果を求めて行う仕事は業務と言えます．例えば，設計課の仕事は設計業務，購買課の仕事は購買業務という具合です．部署の業務は，何をきっかけに始まるかというと，顧客もしくは他の部署からの情報などです．そして，部署の業務の結果を次の部署もしくは顧客へ引き渡していきます．つまり，**部署の業務にも必ずインプットがあり，アウトプットがある**ということです．部署では多くの人が働いており，それらの人々が業務を支えているので，**支える人が必要**です．また，部署で必要なモノは当然整備されており，支えるモノがしっかりと業務を支えているので，**支えるモノが必要**です．そして，部署の業務がうまくいっているかどうか，必ず見つめられています．課であれば，課長が，部であれば，部長が見つめチェックします．**このように部署の業務も必ず誰かに見つめられており，適切な間隔でチェックされている**のです．これは，まさしくプロセスです．そうです，**部署の業務はプロセスと考えられる**のです．

部署の業務はプロセスですから，やはりプロセスを整えることが求められます．レストランの調理の例では，調理人は一人ひとりで仕事をしていますが，調理を担う部署として複数の調理人と連携を取りながら業務を進めています．リピートの注文の流れでは，“インプット”は注文内容，“アウトプット”は料理，“見つめるべきこと”は，料理の出来映えや料理時間などでしょう．“押さえどころ”はレシピに示されたポイントであり，“ねらい”は調味料の種類，調味料や材料・水・油などの量，炒めたり煮込んだりする時間であり，“ねらいどおりになっていることの確認の仕方”は，調味料の種類は目で見て確認，量は計量カップや計量スプーンなどの計量器を使用，時間はタイマーでチェックであり，“やり方”は手順なのでレシピに定めています．“支える人”は，レストランの場合は調理師免許が必須で，料理長が腕前を認めた人となります．“支えるモノ”は調理器具，コンロ，オーブン，衛生的なキッチンなどです．

考えてみよう！

Q3-2：あなたの部署の業務の“インプット”，“アウトプット”，“見つめるべきこと”，よい結果を出すための“押さえどころ”，“ねらい ”，“ねらいどおりになっていることの確認の仕方”，“やり方”，“支える人”，“支えるモノ”を考えてください．

インプット	
アウトプット	
見つめるべきこと	
押さえどころ	
ねらい	
ねらいどおりになっていることの確認の仕方	
やり方	
支える人	
支えるモノ	

Step
3-3
部署間の連携業務はプロセスであると考える

皆さんは会社のどこかの部署に所属し，部署の中で一所懸命仕事していることでしょう．しかし，会社は皆さんが所属している部署だけで成り立っているわけではありません．様々な部署があり，部署で業務を行っています．部署で行う業務が一つである場合もあれば，同じ部署でも複数の業務を行っていることがあります．さらに，複数の部署が連携して業務を行っていることがあります．

レストランを例に説明します．企画・開発部署，調理部署，購買部署，給仕部署があると想定します．料理の企画・開発は企画・開発部署だけでなく，調理，購買，給仕など他の部署と連携して行うことがあります．調理部署からは調理しやすいレシピとなっているかどうかの視点で意見します．購買部署からは安くて手に入りやすい材料を採用しているかどうかという視点で意見します．給仕部署からは常に顧客と接しているので，顧客の視点で意見します．このように部署間が連携して行う業務があります．部署間の連携業務においても，顧客のおいしい料理を味わいたいなどの要求をきっかけに始まり，レシピなど，その後の調理や購買に必要な情報を提供します．つまり，**部署間の連携業務においても，必ずインプットがあり，アウトプットがある**のです．

部署間の連携業務では，部署をまたがって数多くの人が働いており，それらの人々が部署間の連携業務を支えているので，**支える人が必要**です．また，部署間の連携業務で必要なモノは当然整備されており，支えるモノがしっかりと部署間の業務を支えているので，部署間の連携業務にも**支えるモノが必要**です．そして，部署間の連携業務がうまくいっているかどうか，必ず見つめられています．料理の開発をプロジェクトとして進めているのであれば，プロジェクトリーダーが見つめチェックします．**このように部署間の連携業務も必ず誰かに見つめられており，適切な間隔でチェックされている**のです．これは，まさしくプロセスです．そうです．**部署間の連携業務もプロセスと考えられる**のです．

プロセスなので，部署間の連携業務においてもやはりプロセスを整えることが求められます．

考えてみよう！

Q3-3：あなたの部署が他の部署と連携して行っている業務の“インプット”，“アウトプット”，“見つめるべきこと”，よい結果を出すための“押さえどころ”，“ねらい ”，“ねらいどおりになっていることの確認の仕方”，“やり方”，“支える人”，“支えるモノ”を考えてください．

インプット	
アウトプット	
見つめるべきこと	
押さえどころ	
ねらい	
ねらいどおりになっていることの確認の仕方	
やり方	
支える人	
支えるモノ	

Step
3-4
会社の品質マネジメントシステムを考える

皆さんの仕事もプロセス，皆さんが所属する部署の業務もプロセス，部署間の業務もプロセスでした．これらのプロセスは単独に存在しているのではなく，つながっています．そして，プロセスとそのつながりがまさに品質マネジメントシステムでした．

仕事で考えてみましょう．会社では実に多くの活動がありますので，多くのプロセスが存在することになります．市場を調査するプロセス，商品を企画するプロセス，お客様に企画した商品をプレゼンするプロセス，商品を開発するプロセス，材料を調達するプロセス，商品を製造するプロセス，商品を検査するプロセス，商品を在庫するプロセス，商品を出荷するプロセス，商品をお客様に届けるプロセス，クレームに対応するプロセス，方針を展開するプロセスなどなど様々なプロセスがあります．なお，プロセスの大きさは管理のしやすい大きさで決められます．

皆さんの会社では，プロセスとそのつながり，つまり品質マネジメントシステムが目で見てわかるようになっていますか？プロセスとそのつながりについては，製造業でよく使われている品質保証体系図と呼ばれるものがあります．品質を保証するための仕組みをプロセスとそのつながりで示したものです．QMSフローチャートとかプロセスフローチャートとして作成している会社もあります．**品質マネジメントシステムを目で見てわかるようにしたものが品質マニュアル**です．品質マニュアルとは，品質マネジメントシステムの仕様書のことで，品質マネジメントシステムでやるべきことを記述した文書です．皆さんの会社の品質保証体系図（QMSフローチャート，プロセスフローチャートなど）や品質マニュアルをもう一度確認してみましょう．

そもそも品質マネジメントシステムがなぜ必要なのか考えてみましょう．**製品やサービスを買うにあたって買い手が心配なのは，売り手が本当に信頼できるかどうか**です．売り手が買い手に信頼してもらうためには，買い手が望み，期待するよい製品やよいサービスが提供できるように，いろいろな決め事を取り決めることが必要です．“誰がどんな仕事をするのか取り決める”，“仕事の流れ，仕方を取り決める”，“仕事がうまくいっているかどうか確認する方法を取り決める”，“仕事に必要な知識や技能を取り決めて教育する”，“問題が見つかったときの対応方法を取り決める”などです．**これらの取り決めは会社の仕組みと言え，これが品質マネジメントシステム**なのです．

考えてみよう！

Q3-4：あなたの会社でプロセスとそのつながりがわかる文書にはどのようなものがあるか，品質マネジメントシステムがわかる文書（QMS文書）にはどのようなものがあるか列挙してください．

記入欄 例）品質マニュアル

-
-
-
-
-
-
-

考えてみよう！ 解答例

Step 3の解答は皆さんの仕事によって異なります．したがって，事例として取り上げたレストランを想定して解答例を示します．

Q3-1：レストランの調理で下ごしらえをしている人の仕事の例

インプット	料理長の指示，材料
アウトプット	下ごしらえした材料
見つめるべきこと	失敗がないか，手早くできているか
押さえどころ	かたち，量，時間などレシピに示されたポイント
ねらい	レシピに示されたかたち，量，時間
ねらいどおりになっていることの確認の仕方	かたちは目視，量は秤，時間はタイマー
やり方	レシピに示された手順
支える人	下ごしらえができると料理長に認められた人
支えるモノ	包丁，まな板，ざる，ボウル

Q3-2：レストランの調理部署の業務の例

インプット	レシピ，材料，注文
アウトプット	料理
見つめるべきこと	味の評判，提供時間
押さえどころ	レシピに示されたポイント
ねらい	調味料の種類，量，時間など
ねらいどおりになっていることの確認の仕方	調味料の種類は目視，量は計量カップや計量スプーンなどの計量器，時間はタイマーなど
やり方	料理長が最終的に味と見映えと時間をチェック，レシピに示された手順

支える人	調理師免許，料理長に認められた人
支えるモノ	調理器具，コンロ，オーブン，衛生的なキッチン

Q3-3：新メニュー企画プロセスにおける連携業務の例

インプット	聞き取り調査，アンケート結果
アウトプット	新メニュー（今までにない新しい料理）
見つめるべきこと	注文の数
押さえどころ	お客様が要望する情報の内容
ねらい	お客様の要望に応えられる
ねらいどおりになっていることの確認の仕方	新メニューの企画を試しに見てもらう
やり方	プロジェクトチームを結成し，リーダーが計画立てて進めていく．途中でうまくいっているかどうかリーダーがチェックする
支える人	企画部署から選ばれたプロジェクトリーダーは，企画の経験があり過去にヒットした企画があって店長に認められた人．メンバーはそれぞれの部署からリーダーに適任だと判断された人を選ぶ
支えるモノ	聞き取り調査やアンケートを委託している調査会社，分析や企画立案用のパソコン，ビジュアルに企画が表現できるソフトウエア，企画を検討する会議室・ホワイトボード・プロジェクター，電気など

Q3-4：主な例を紹介します．

1)　プロセスとそのつながりがわかる文書

品質マニュアル／品質保証体系図／QMSフローチャート／プロセスフローチャート　など

2)　QMS文書

管理規定／手順書／帳票／記録　など

Step 4　プロセスの目を理解する

《Step 4で学ぶこと》

価値のない仕事なんてありません．したがってプロセスでは必ずなんらかの価値が付加されるはずです．そのためにプロセスを見守る必要があるのです．このステップではプロセスを見守るための目である“プロセスの目”を理解していただきます．“プロセスの目”では管理すべきことが目で見てわかるようになっていて，簡単に覚えられるようになっています．この“プロセスの目”にしたがって仕事をしていたら問題が起こらないはずです．もし，何か問題が発生したら“プロセスの目”で明らかにされた管理すべきことを変えなければなりません．“プロセスの目”でプロセスと向き合うことで問題を解決し，よりよい結果が得られるようになるのです．

《プロセスアプローチへのStep10》

START

Step 1　プロセスを理解する
Step 2　プロセスアプローチを理解する
Step 3　仕事でプロセスを考える
あなたの現在地 → **Step 4**　プロセスの目を理解する
　4-1　価値を付加するのがプロセス
　4-2　プロセスを見守る
　4-3　プロセスの目を使って見守る
　4-4　プロセスの目でプロセスと向き合う
Step 5　リスクの目を理解する
Step 6　プロセスの目で分析する
Step 7　リスクの目で分析する
Step 8　プロセスを管理する
Step 9　プロセスを監査する
Step10　プロセスを改善する

GOAL

Step
4-1

価値を付加するのがプロセス

仕事＝プロセス，部署の業務＝プロセス，部署間の連携業務＝プロセス，品質マネジメントシステム＝プロセスとそのつながり，ということでした．そして，プロセスには必ずインプットがあり，アウトプットがあるということでした．しかし，インプットがそのままアウトプットということであれば，何も仕事をしたことになりません．部署の業務，部署間の連携業務でも同様です．ということは**プロセスでは，インプットを基になんらかの価値をつけてアウトプットしている**ことになります．そうです，価値を付加するのがプロセスなのです．

レストランの調理プロセスで考えてみましょう．もう一度，調理プロセスのイメージを見てみます．

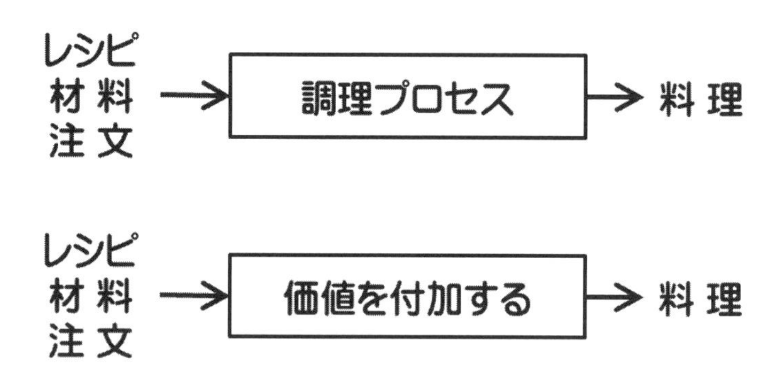

レシピと材料と注文が調理プロセスにインプットされ，料理がアウトプットされます．ここでも価値が付加されていることになります．それでは，どのような価値が付加されているのでしょうか？調理プロセスで

はレシピに基づいて調理されているので，調理で出来上がったものがレシピで示されたねらいどおりの出来上がりになっていることが求められます．すなわち単なる材料を“レシピどおりの料理”にすることが付加された価値であることがわかります．レシピが調理の基準となり，注文が調理のきっかけになり，材料が料理に変化するのです．ただ単に材料が料理に変化するのではなく，レシピどおりに出来上がることが求められ，それに応えることがこの調理プロセスでは大切な価値ということです．

あなたの仕事も同様です，必ずなんらかの価値を生んでいるはずです．あなたの仕事の結果の受け手の人が期待していることを考えるとわかりやすいでしょう．もしあなたの仕事が仕入れた材料の品質チェックだとすれば，その材料を使って調理する人たちが期待していることとは何でしょうか？それは，使用してはいけないような品質の悪い材料を渡さないようにして欲しいことであるのは明らかです．そうだとすると，あなたの仕事である材料の品質チェックプロセスで付加される価値とは，“悪い材料を確実にチェックし取り除く”ことになります．

考えてみよう！

Q4-1：事例のレストランの企画プロセスで付加される価値とは何かを考えてください．

記入欄

-
-
-
-
-

Step
4-2

プロセスを見守る

プロセスは見つめられていることを思い出してください．よい結果を出すためのプロセスなので，よい結果が出ているかどうか見つめないといけませんでした．また，**結果だけでなく，よい結果がでるようなプロセスとなっているかどうか，プロセスの取り決めどおりに行っているかどうかを見守る**必要があります．見守るべきことに何があるかというと，前にも説明したインプット，アウトプット，見つめるべきこと，よい結果を出すための押さえどころ，ねらい，ねらいどおりになっていることの確認の仕方，やり方，支える人，支えるモノなのです．それと付加される価値も大切です．なぜなら**付加される価値がわかっていないと押さえるべきこと，つまり，押さえどころを的確にとらえることができなくなってしまう**からです．そもそもプロセスを見守るのは価値を付加するためなのです．さらに**取り決めどおりに行っているかどうかが心配な場合は，メモをとらなければなりません**．レストランでも注文を受けたら忘れないように間違いがないように伝票にメモしています．

そうなると価値を付加するためにプロセスで見守るべきことは全部で11項目ということになります．

これら11項目を仕事や業務のプロセスで管理することを考えると，もう少し仕事っぽい表現の方が似合います．インプットとアウトプットは同じですが，表現を変えてみましょう．“価値を付加するためにプロセスで見守るべきこと”から“価値を付加するためにプロセスで管理すべきこと”への変更を示します．

価値を付加するためにプロセスで見守るべきこと
インプット
アウトプット
見つめるべきこと
押さえどころ
ねらい
確認の仕方
やり方
支える人
支えるモノ
付加される価値
メモ

⇨

価値を付加するためにプロセスで管理すべきこと
インプット
アウトプット
指標
管理項目
管理基準
管理方法
管理手順
人（力量，認識）
インフラストラクチャ（施設，設備，環境など）
付加価値
管理記録

考えてみよう！

Q4-2：**Q3-2**の解答例でのレストランの調理部署の事例で調理プロセスにおける管理すべきことを挙げてください．

価値を付加するためにプロセスで管理すべきこと	
インプット	
アウトプット	
指標	
管理項目	
管理基準	
管理方法	
管理手順	
人（力量，認識）	
インフラストラクチャ（施設・設備・環境など）	
付加価値	レシピどおりの料理をつくること
管理記録	調理日報

Step
4-3

プロセスの目を使って見守る

プロセスにおいて管理すべきことを明らかにすることで，よりよい結果が得られます．管理すべきことは11項目あるのですが，なかなか頭に入りません．そこで簡単に覚えられる手法が必要になってきます．

ところで，何かものごとを見守るときには当然ですが目を使います．同じように**プロセスを見守るときにも目を使います**．そうです，**プロセスの目**を使って見守るのです．

これが“プロセスの目”です．プロセスを見守るわけですから，やはり目のかたちをしています．“プロセスの目”の周囲には，**インプット**，**アウトプット**，**人**，**インフラストラクチャ**があります．白目の中には**付加価値**と**指標**があります．ひとみには管理項目があって，そこからつながっているのが**管理基準**，**管理方法**，**管理手順**，**管理記録**となっています．

まず，あなた自身がこの“プロセスの目”をもつことが大切です．こ

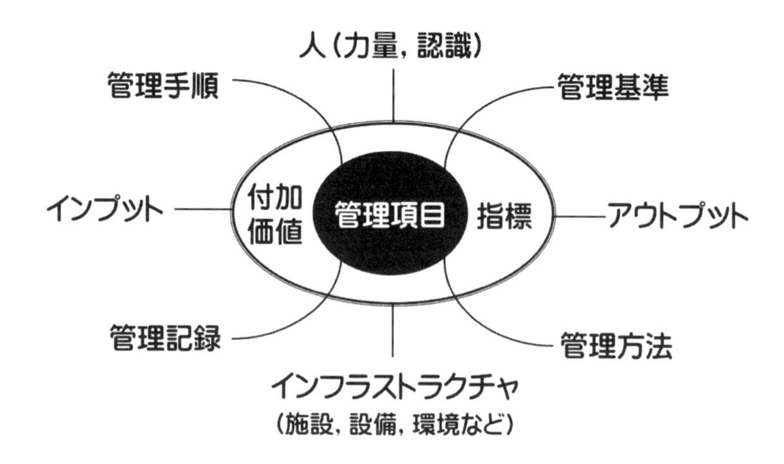

の目でもって，あなたの仕事，部署の業務，部署間の連携業務におけるプロセスを見守るのです．つまり，**“プロセスの目”でもってプロセスを運用管理する**のです．そうすることでよりよい結果が得られるということです．

考えてみよう！

Q4-3：次の(a)～(k)が“プロセスの目”のどこに該当するか下の図に文字を記入してください．

（a） 調理器具，コンロ，オーブン，衛生的なキッチン

（b） 料理長が最終的に味と見映えと時間をチェック，レシピに示された手順

（c） 目視，計量器，タイマーなど

（d） 調理師免許，料理長が認めた人

（e） レシピ，材料，注文

（f） レシピどおりの料理をつくること

（g） レシピに示されたポイント

（h） 調理日報

（i） 調味料の種類，量，時間など

（j） 料理

（k） 味の評判，提供時間

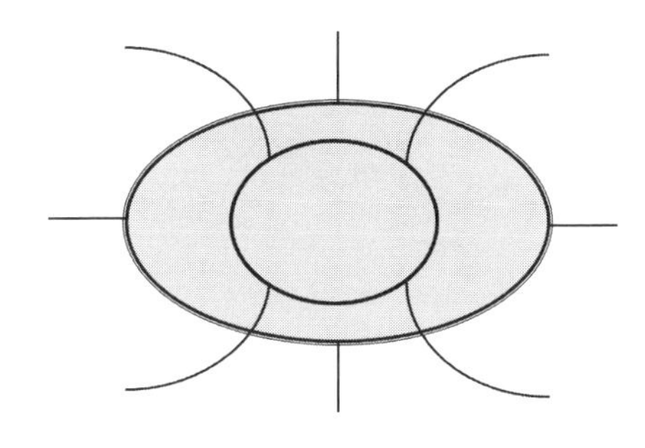

Step

4-4

プロセスの目でプロセスと向き合う

“プロセスの目”でプロセスを見守ることは，よい結果を得るために必要なことです．しかし，よい結果が得られなかったときや，よりよい結果を得たいときには**“プロセスの目”の何かを変えなければなりません**．そうです．**“プロセスの目”でプロセスと向き合うことが大切**なのです．

レストランの調理プロセスで考えてみます．調理プロセスの“プロセスの目”を示します．

指標は“味の評判”と“提供時間”になっています．例えば，“最近，あそこのレストランは味が落ちたなあ”という情報が入ってきたとします．そうなると，この調理プロセスはうまく管理されていないということになります．ここで，誰かが悪いと考えるのではなく，“プロセスの

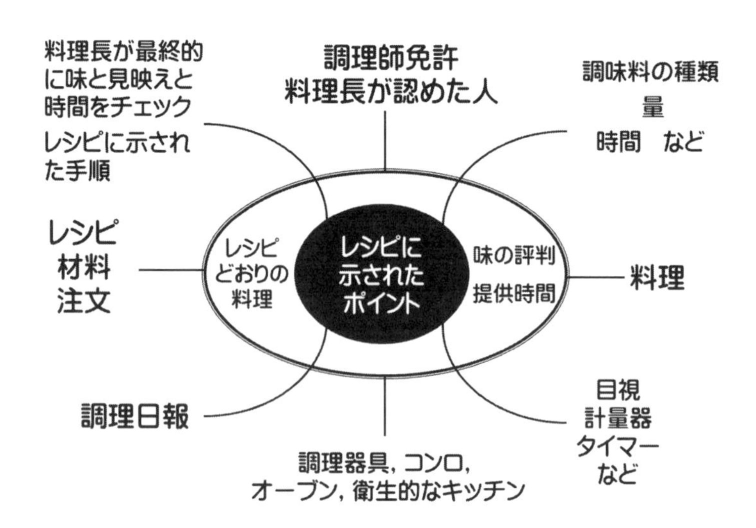

目”の何かが悪いと考えるのです．インプットのレシピそのものが悪いとなれば，レシピを考え直さなければなりません．料理長が認めた人が実はまだ半人前だったとしたら，料理長が認める基準を見直さなければなりません．最終的に料理長が味をチェックすることになっているのに，忙しさでなかなかできていないということであれば，できるように工夫したり，他の方法を考えたりする必要があります．このように何か問題があったときは，“プロセスの目”の何かが悪いと考えて，調査してその原因を探るのです．

料理の味をさらによくしていこうという場合も，“プロセスの目”の何かをよりよく変えていくことで，目的が達成できるのです．例えば，インフラストラクチャに着目して，よりよい味が出せる調理器具を採用するとか，管理項目であるレシピに示されたポイントに“煮込み温度”を追加するとかです．

“プロセスの目”でプロセスと向き合うことで問題を解決し，よりよい結果が達成できるのです．

考えてみよう！

Q4-4：事例のレストランで“あそこのレストランは最近，料理が出てくるまで時間がかかりすぎて，すごく待たされる”という情報が得られました．“プロセスの目”のどこが悪いのか想定してください．

記入欄 例）人：料理長に認められた人が実は要領が悪くて時間がかかってしまう

-
-
-

考えてみよう！ 解答例

Q4-1 ・お客様が注文したくなるような料理を企画すること

Q4-2：

価値を付加するためにプロセスで管理すべきこと	
インプット	レシピ，材料，注文
アウトプット	料理
指標	味の評判，提供時間
管理項目	レシピに示されたポイント
管理基準	調味料の種類，量，時間など
管理方法	目視，計量器，タイマーなど
管理手順	料理長が最終的に味と見映えと時間をチェック，レシピに示された手順
人（力量，認識）	調理師免許，料理長が認めた人
インフラストラクチャ（施設・設備・環境など）	調理器具，コンロ，オーブン，衛生的なキッチン
付加価値	レシピどおりの料理をつくること
管理記録	調理日報

Q4-3：

（a） 調理器具，コンロ，オーブン，衛生的なキッチン

（b） 料理長が最終的に味と見映えと時間をチェック，レシピに示された手順

（c） 目視，計量器，タイマーなど

（d） 調理師免許，料理長が認めた人

（e） レシピ，材料，注文

（f） レシピどおりの料理をつくること

（g） レシピに示されたポイント

（h） 調理日報

（i） 調味料の種類，量，時間など

（j） 料理

（k） 味がよい，見映えがよい，レシピに示された時間内，レシピの内容

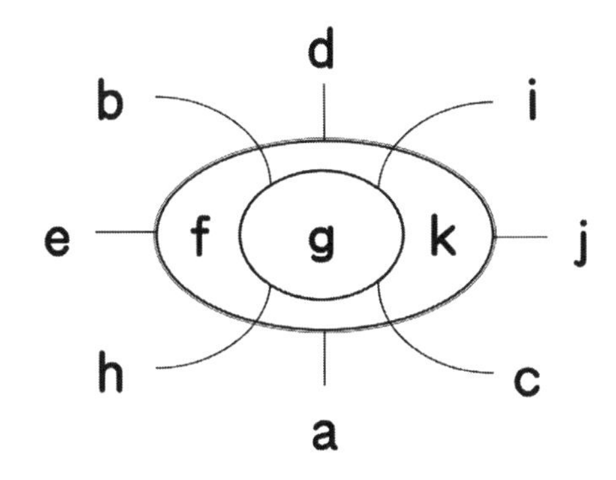

Q4-4
- インフラストラクチャ：調理器具が不調で時間がかかっている
- インプット：レシピそのものが，時間がかかるようになっている
- 管理手順：レシピの手順どおりにできていない
- 管理項目：忙しくて時間を管理する余裕がない
- 指標：提供時間を監視できていない

Step 5 リスクの目を理解する

《Step 5で学ぶこと》

会社には様々なリスク（起こりうる失敗）がひそんでいます．このステップではひそんでいるリスクを見守るための目である“リスクの目”を理解していただきます．リスクに対しても見守る必要があり，リスクに対応するためにプロセスで管理すべきことを明らかにすることが求められます．“リスクの目”においても，管理すべきことが目で見てわかるようになっていて，簡単に覚えられるようになっています．想定していたリスクが起こってしまったり，新たなリスクが想定されたりした場合は“リスクの目”で明らかにされた管理すべきことを変えなければなりません．“リスクの目”でプロセスと向き合うことで，プロセスに残るリスクを減らすことができ，よりよいリスク対応ができるようになるのです．

《プロセスアプローチへのStep10》

START

Step 1　プロセスを理解する
Step 2　プロセスアプローチを理解する
Step 3　仕事でプロセスを考える
Step 4　プロセスの目を理解する
あなたの現在地 → **Step 5**　リスクの目を理解する
　5-1　リスクに対応するのがプロセス
　5-2　リスクを見守る
　5-3　リスクの目を使って見守る
　5-4　リスクの目でプロセスと向き合う
Step 6　プロセスの目で分析する
Step 7　リスクの目で分析する
Step 8　プロセスを管理する
Step 9　プロセスを監査する
Step10　プロセスを改善する

GOAL

Step
5-1

リスクに対応するのがプロセス

世の中一寸先はやみと言われています．この先何が起こるのかわからない怖さがあります．地震や台風などの自然災害，火事，テロ，戦争など，本当にいつ起こるかわからないです．起こるかもしれないし，起こらないかもしれないが，一旦起こってしまうと，悪い影響を及ぼします．この起こるか起こらないかわからない悪い影響を**リスク**と言います．悪い影響は失敗を引き起こすので，リスクをわかりやすく言うと“**起こりうる失敗**”となります．

どんなリスクがあるか考えてみましょう．朝，目覚まし時計で起こされますが，目覚まし時計が壊れるかもしれないので，会社に遅刻するというリスクがあります．朝食で昨日の夕飯の残りを食べたとしたら，それが傷んでいるかもしれないので，おなかをこわすというリスクがあります．車に乗って通勤しているなら，交通事故というリスクがあります．会社で仕事していても，運悪くケガをしてしまう労働災害というリスクがあります．趣味でやっているサッカーでも他の選手とぶつかってケガをしてしまうリスクがあります．このように**日常生活の中でもリスクはひそんでいます**．

会社にもリスクはあります．取引先が倒産してしまい売上金を回収できないというリスク，顧客がどんどん海外移転してしまい，国内での仕事が激減してしまうというリスク，海外との取引では，為替が変動し利益に悪影響を及ぼすというリスク，従業員が採用できず事業が継続できないというリスク．製品に問題があり，回収や賠償金を支払わなければならなくなるリスクなど，**会社にも様々なリスクがひそんでいます**．

さて，会社にもリスクがひそんでいるということは，会社には品質マネジメントシステムがあるので，品質マネジメントシステムにもリスクがひそんでいることになります．さらに品質マネジメントシステムはプロセスとそのつながりでできているので，プロセスにもリスクがひそんでいることになります．それぞれの業務はプロセスで行われているので，実際上は，**プロセスにおいてリスクに対応する**ことになります．したがって，**リスクに対応するのがプロセス**と言えるのです．

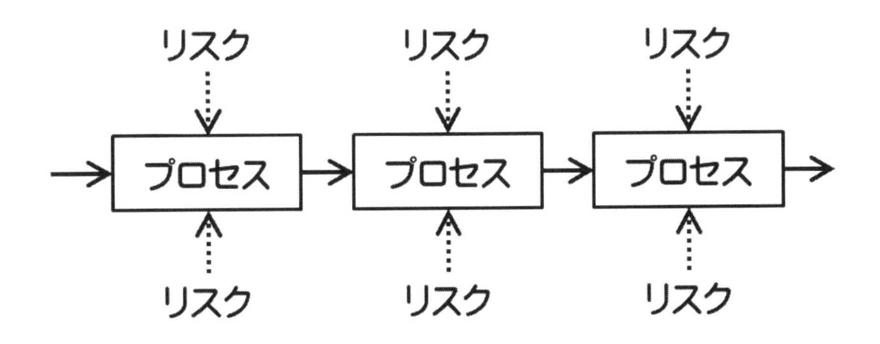

考えてみよう！

Q5-1：事例のレストランの調理プロセスでリスク（起こりうる失敗）とは何かを考えてください．

記入欄

-
-
-
-
-
-

Step
5-2

リスクを見守る

プロセスでリスクに対応するわけですから，プロセスでリスクに対しても見守る必要があります．では，見守るべきことに何があるかというと，まずは起こりうる影響です．影響にはプロセスや品質マネジメントシステム，会社などの組織内に及ぼすものがあります．これを“**内部への影響**”と言います．さらにプロセスや品質マネジメントシステム，会社などの組織外に及ぼすものもあります．これを“**外部への影響**”と言います．これらはリスクに相当します．リスクにはそれを発生させる要因があり，それを“**リスク源**”と言います．リスクへの対応がうまくいっているかどうか判断しなければなりません．そのための“**指標**”が必要です．リスクに対応するためには，“リスク源”をうまく管理する必要があります．“リスク源”に対する押さえどころを“**管理項目**”，ねらいを“**管理基準**”，ねらいどおりになっていることの確認の仕方を“**管理方法**”，リスク源にかかわるやり方を“**管理手順**”，リスク対応に必要なメモを“**管理記録**”とします．リスク対応にも人はかかわります．しかし人には必ず弱さがあり，その弱さが引き起こす失敗は防がなければなりません．“**人の弱さ**”にも着目して管理しなければなりません．インフラストラクチャも同様で弱さが引き起こす失敗を防がなければならないので，“**インフラストラクチャの弱さ**”にも着目して管理しなければなりません．

こうして見ると，リスクに対応するために見守ること，すなわちリスクに対応するためのプロセスで管理すべきことと，価値を付加するためのプロセスで管理すべきこととよく似ていることがわかります．

価値を付加するために プロセスで管理すべきこと
インプット
アウトプット
指標
管理項目
管理基準
管理方法
管理手順
人(力量, 認識)
インフラストラクチャ
付加価値
管理記録

⇔

リスクに対応するために プロセスで管理すべきこと
内部への影響
外部への影響
指標
管理項目
管理基準
管理方法
管理手順
人の弱さ
インフラストラクチャの弱さ
リスク源
管理記録

考えてみよう！

Q5-2：**4-2**のレストランの調理部署の事例で調理プロセスにおけるリスクに対応するためにプロセスで管理すべきことを考えてください.

リスクに対応するためにプロセスで管理すべきこと	
内部への影響	やけど
外部への影響	食中毒
指標	やけど事故なし／食中毒事故なし
管理項目	
管理基準	
管理方法	
管理手順	
人の弱さ	
インフラストラクチャの弱さ	
リスク源	油がはねる／食中毒菌
管理記録	衛生管理チェックリスト

Step
5-3

リスクの目を使って見守る

プロセスにおいてリスクに対応するための管理すべきことを明らかにすることで，ひそんでいるリスクにうまく対応することができます．価値を付加するための管理すべきことと同様に，リスクに対応するための管理すべきことも11項目もあるで，なかなか頭に入りません．これにも簡単に覚えられる手法が必要になってきます．

プロセスを見守るときと同じように**リスクを見守るときにも目を使います**．そうです，**リスクの目**を使って見守るのです．

これが“リスクの目”です．リスクに対応するためにプロセスを見守るわけですから，やはり目のかたちをしています．“リスクの目”の周囲には，内部への影響，外部への影響，人の弱さ，インフラストラクチャの弱さがあります．白目の中にはリスク源と指標があります．ひとみには管理項目があって，そこからつながっているのが管理基準，管理方法，

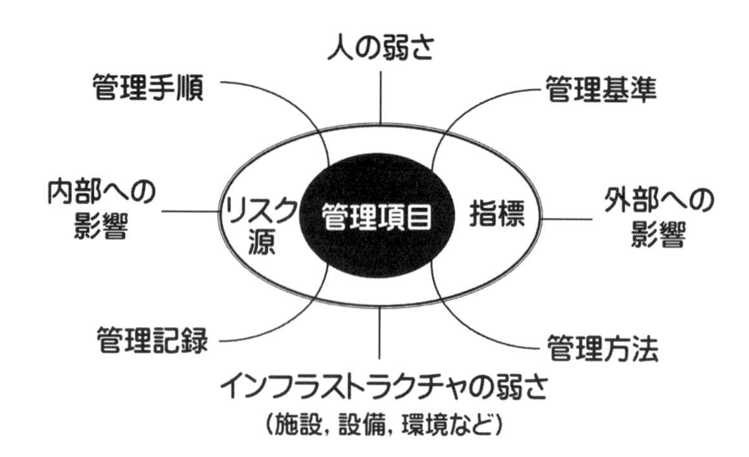

管理手順，管理記録となっています．

まず，あなた自身がこの“リスクの目”をもつことが大切です．この目でもって，あなたの仕事，部署の業務，部署間の連携業務におけるプロセスを見守るのです．つまり，**“リスクの目”でもってプロセスを運用管理する**のです．そうすることでリスクにうまく対応できるということです．

考えてみよう！

Q5-3：次の(a)～(k)が“リスクの目”のどこに該当するか下の図に文字を記入してください．

（a） 食中毒

（b） 油への投入高さ／加熱時間・温度

（c） 油がはねる／食中毒菌

（d） 衛生管理チェックリスト

（e） 目視で確認／中心温度計で確認

（f） 必ず油面に材料を一旦つけて流れるように入れる／中心温度計を加熱中の材料に差し込んで温度を測定し，タイマーで時間を測定する

（g） やけど

（h） 手順を守らない

（i） 油面以下／中心温度75℃・1分

（j） やけど事故なし／食中毒事故なし

（k） 中心温度計の不具合

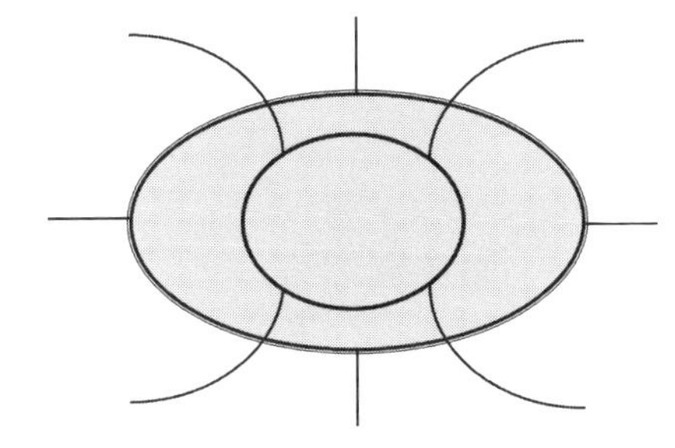

Step
5-4
リスクの目でプロセスと向き合う

“リスクの目”でプロセスを見守ることは，リスク対応をうまくするために必要なことです．しかし，想定していたリスクが起こってしまったり，新たなリスクが想定されたりした場合には**“リスクの目”の何かを変えなければなりません**．そうです．**“リスクの目”でプロセスと向き合うことが大切**なのです．

レストランの調理プロセスで考えてみます．調理プロセスの“リスクの目”を示します．

指標は“やけど事故なし”と“食中毒事故なし”になっています．例えば，やけどの事故が発生してしまったとします．そうなると，この調理プロセスはうまく管理されていないということになります．ここで，誰かが悪いと考えるのではなく，“リスクの目”の何かが悪いと考える

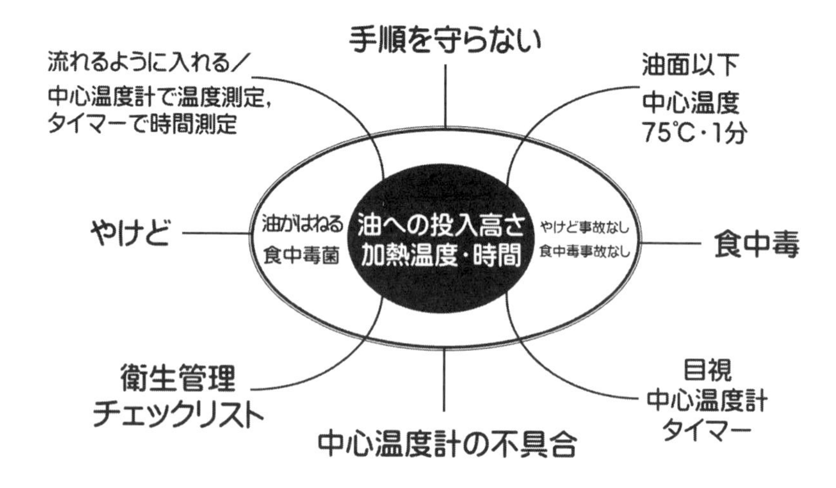

のです．管理手順の鍋の油に材料を“流れるように入れる”という手順が実は難しく，やろうとしても簡単にできないのであれば，訓練を行うとか他の手順を考えなければなりません．手順を守らないという人の弱さから事故が発生したのであれば，手順を守るように認識させなければなりませんし，皆で手順を守ってやけどがないようにする雰囲気をつくる必要があります．

このように実際にリスクが起こってしまったときは，“リスクの目”の何かが悪いと考えて，調査してその原因を探るのです．

新たに想定したリスクに対しても，“リスクの目”で考えていかなければなりません．例えば，他のレストランで産地をごまかしたうその材料を使ってマスコミにも取り上げられたとします．それがうちのレストランでも起きうると考えて，“リスクの目”で対応方法を考えなければなりません．

“リスクの目”でプロセスと向き合うことで，プロセスに残るリスクを減らすことができ，よりよいリスク対応ができるのです．

考えてみよう！

Q5-4：事例のレストランで，残念ながら食中毒が発生してしまいました．“リスクの目”のどこが悪かったのか想定してください．

記入欄　例）管理手順：中心温度計での測定をしていなかったため，十分に加熱されず提供されてしまった．

-
-
-
-
-

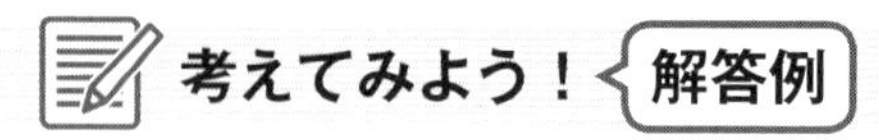

Q5-1 ・内部への影響：やけど
材料が入手できない
材料の高騰
人がすぐやめてしまう　など
・外部への影響：食中毒
風評被害（うその食材を使うなど）
ライバルが近くに出店
におい・騒音による近所への迷惑

Q5-2：

リスクに対応するためにプロセスで管理すべきこと	
内部への影響	やけど
外部への影響	食中毒
指標	やけど事故なし／食中毒事故なし
管理項目	油への投入高さ／加熱温度・時間
管理基準	油面以下／中心温度75℃・1分
管理方法	目視／中心温度計・タイマー
管理手順	必ず油面に材料を一旦つけて流れるように入れる／中心温度計を加熱中の材料に差し込んで温度を測定し，タイマーで時間を測定する
人の弱さ	手順を守らない
インフラストラクチャの弱さ	中心温度計の不具合
リスク源	油がはねる／食中毒菌
管理記録	衛生管理チェックリスト

Q5-3：

（a）　食中毒

（b）　油への投入高さ／加熱温度・時間

（c）　油がはねる／食中毒菌

（d）　衛生管理チェックリスト

（e）　目視で確認／中心温度計で温度確認・タイマーで時間確認

（f）　必ず油面に材料を一旦つけて流れるように入れる／中心温度計を加熱中の材料に差し込んで温度を測定し，タイマーで時間を測定する

（g）　やけど

（h）　手順を守らない

（i）　油面以下／中心温度75℃・1分

（j）　やけど事故なし／食中毒事故なし

（k）　中心温度計の不具合

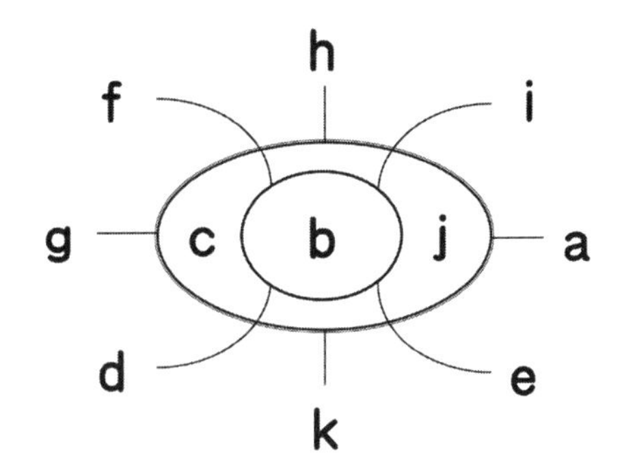

Q5-4
- インフラストラクチャの弱さ：中心温度計の不具合に気づかず使用していた.
- 管理記録：衛生管理チェックリストが記録されておらず，衛生管理が十分に実施できていたのかどうかわからない.
- 管理項目：加熱せずに提供する料理に対する管理項目が設定されていなかった.

Step 6 プロセスの目で分析する

《Step 6で学ぶこと》

ここまでで“プロセスの目”と“リスクの目”について理解していただきました．このステップでは“プロセスの目”と“リスクの目”でプロセスアプローチを実践するために必要なプロセスの分析手法のうち“プロセスの目分析”を理解していただきます．“プロセスの目”を実施するための具体的な手順を“プロセスの目で横を見る”，“プロセスの目で斜めを見る”，“プロセスの目で上下を見る”という順番で説明します．具体的には①インプット，②アウトプット，③付加価値，④指標，⑤管理項目，⑥管理基準，⑦管理方法，⑧管理手順，⑨管理記録，⑩人（力量，認識），⑪インフラストラクチャ（施設，設備，環境など）という順番になります．

《プロセスアプローチへのStep10》

START

Step 1　プロセスを理解する
Step 2　プロセスアプローチを理解する
Step 3　仕事でプロセスを考える
Step 4　プロセスの目を理解する
Step 5　リスクの目を理解する
あなたの現在地 → Step 6　プロセスの目で分析する
6-1　プロセスの目でプロセスアプローチ
6-2　プロセスの目で横を見る
6-3　プロセスの目で斜めを見る
6-4　プロセスの目で上下を見る
Step 7　リスクの目で分析する
Step 8　プロセスを管理する
Step 9　プロセスを監査する
Step10　プロセスを改善する

GOAL

Step
6-1
プロセスの目で
プロセスアプローチ

“プロセスの目”,“リスクの目”は頭に入りましたか？次は，この二つの目を実際に活用します．自分の仕事，所属する部署，連携する部署のプロセスを“プロセスの目”と“リスクの目”を使って分析します．これらをそれぞれ“**プロセスの目分析**”，“**リスクの目分析**”と言います．**“プロセスの目”と“リスクの目”でプロセスアプローチを実践**するのです．プロセスアプローチを覚えていますか？プロセスアプローチとは，**よい結果を得るためにプロセスを整える**ことでした．

まずは“プロセスの目分析”です．**“プロセスの目分析”とは，“プロセスの目”を使って提供する価値を最大化するためにどのようにプロセスを運用管理すればよいかを見極める方法**です．

具体的には，“プロセスの目分析”のシートを使用します．プロセスの目のそれぞれに枠を設けて記入しやすくしています．このシートを使って，部署のプロセスであれば，部署の責任者を中心に話し合いながらシートに記入して埋めていきます．

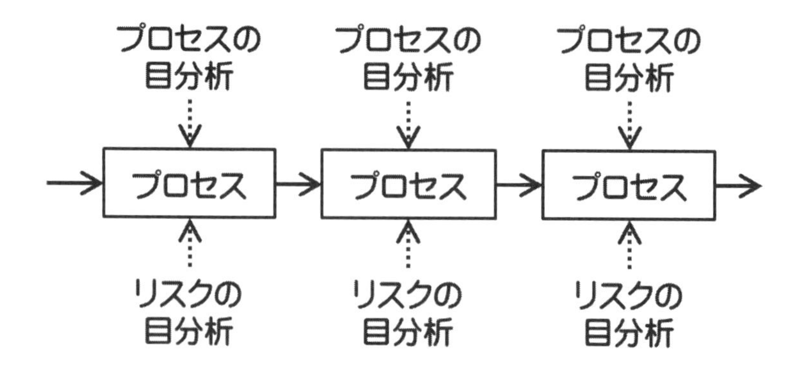

プロセスの目分析シートを示します．“プロセスの目”に近いかたちで記入しやすく工夫したものです．該当する文書，記録があれば文書名，記録名を合わせて記入します．

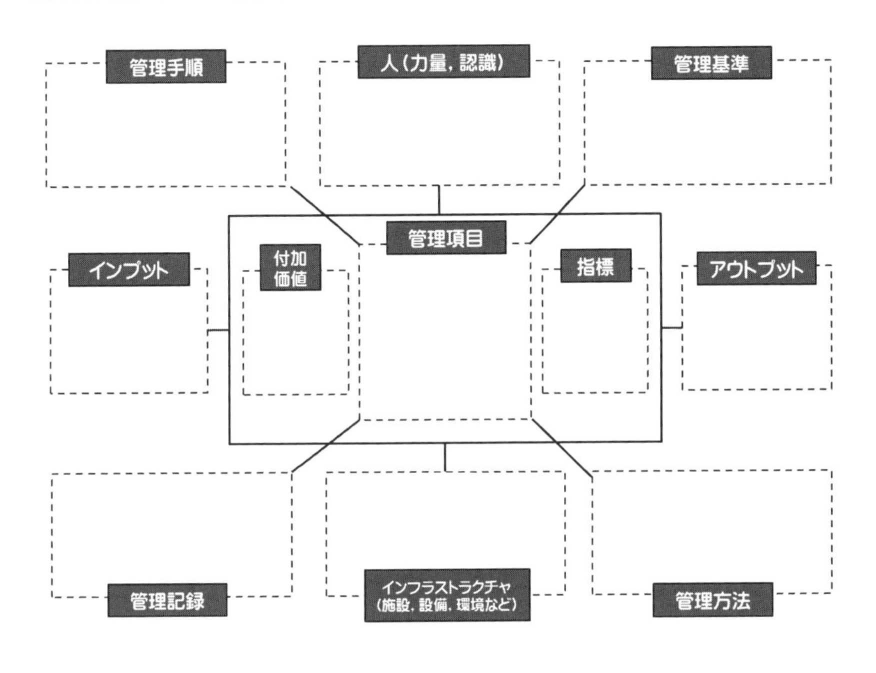

考えてみよう！

Q6-1：あなたの部署のプロセスにおいて，前のプロセスと次のプロセスは何ですか？

記入欄

前のプロセス：

•

次のプロセス：

•

Step
6-2

プロセスの目で横を見る

最初にやることは，**“プロセスの目” で横を見ます**．横にはインプットとアウトプットがあります．きっかけであるインプットは何か？どのようなインプットがなければいけないのかを明らかにします．そして，結果であるアウトプットは何か？正しいアウトプットとは何かを明らかにします．さらに “プロセスの目” のひとみの横には付加価値と指標があります．このプロセスで付加される価値とは何かを明らかにします．付加価値を明らかにする理由は，何をどのように管理すべきかを適切に判断するためです．それからプロセスがうまくいっているか，つまりプロセスアプローチがうまくいっているかどうかの指標を明らかにします．

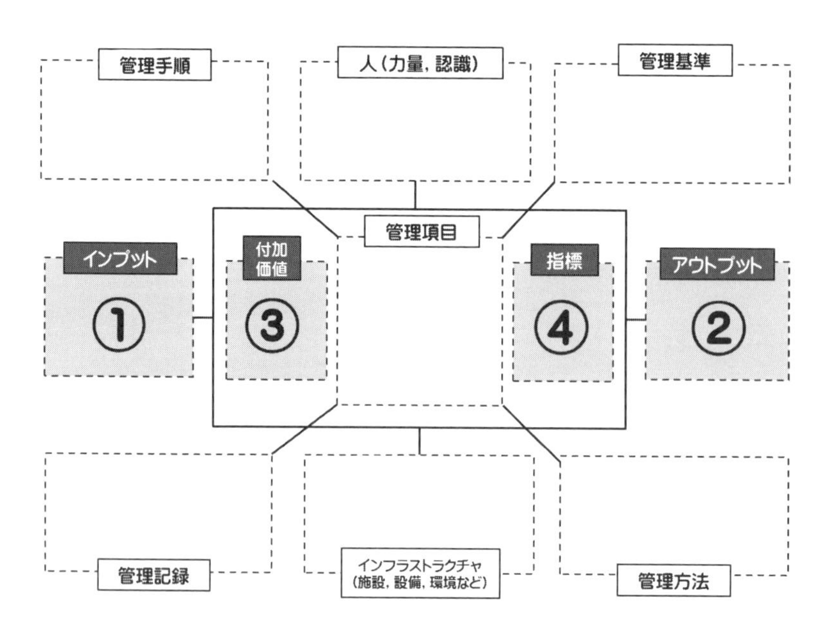

順番としては，①インプット，②アウトプット，③付加価値，④指標となりますが，この順番でなければならないということではありませんので，やりやすい順番でよいです．

このように“プロセスの目分析”は“プロセスの目”で横を見るところから始まります．皆さんがプロセスに向き合ったときに，まず目を左右横に向けるのです．車を運転するときも安全のために前だけでなく左右をよく見ていることと思います．それは安全に運転するための第一歩です．そしてプロセスアプローチの第一歩がプロセスの目で横をしっかり見ることなのです．

考えてみよう！

Q6-2：あなたの部署のプロセスの“プロセスの目”における①インプット，②アウトプット，③付加価値，④指標を**Q3-2**の結果を参考にプロセスの目分析シートに記入してください．

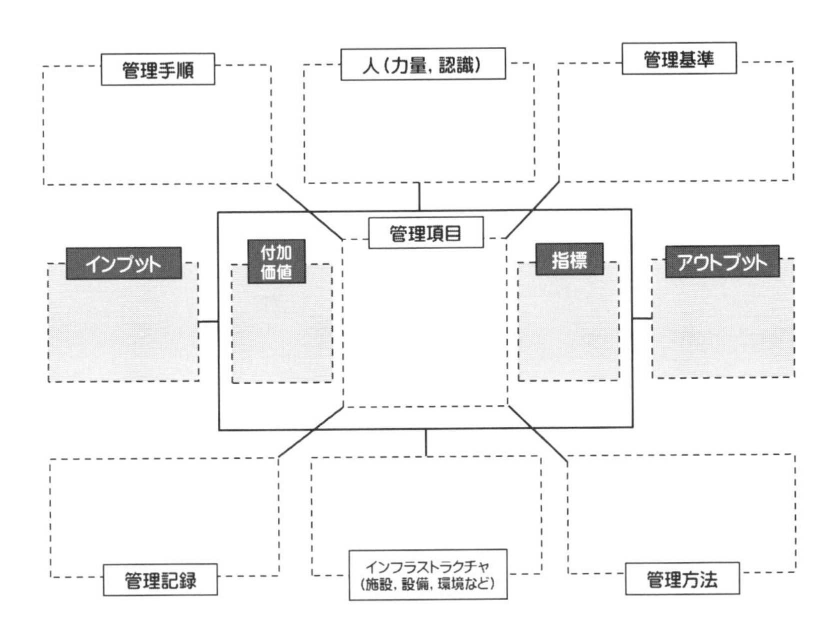

Step
6-3

プロセスの目で斜めを見る

次にやることは，**“プロセスの目”で斜めを見ます**．まず，ひとみにあたる中心の管理項目を明らかにします．管理項目は，明らかにされた付加価値を確実にするため，正しく間違いのないアウトプットをするために必要な押さえどころでした．ひとみにあたる中心の管理項目が明らかになれば，次は斜め右上の管理基準を明らかにします．斜め右上の管理基準が明らかになれば，管理基準を満たしているかどうかを確認するための管理方法を明らかにします．管理方法は，中心の管理項目の斜め右下です．次に斜め左上の管理手順を明らかにします．

管理項目を管理するための手順や正しく間違いのないアウトプットと

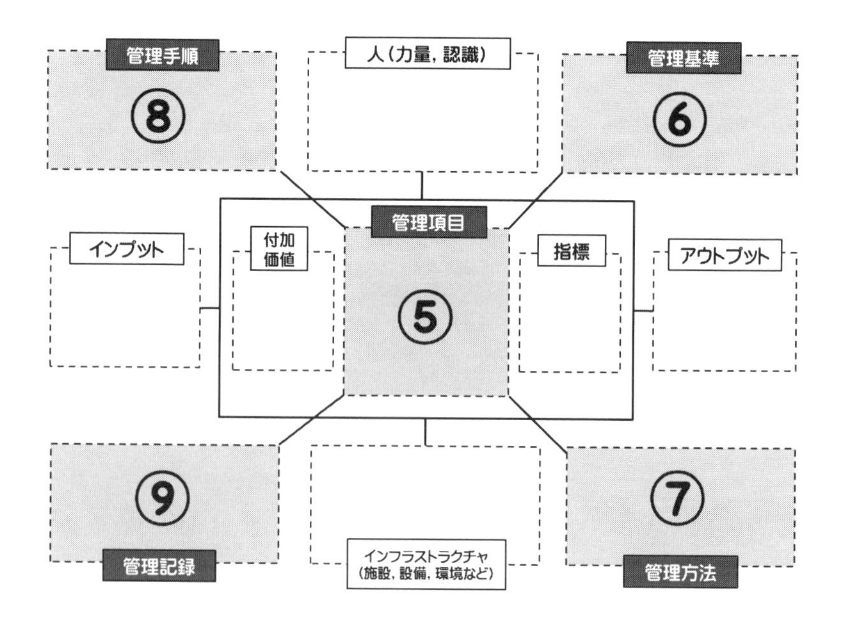

するための手順を明らかにします．手順は必ずしも文書にする必要はありません．必要に応じて文書にします．次に斜め左下の管理記録を明らかにします．取り決めどおりに実施したのかどうか確信を得たいときに記録をとります．管理記録は必要に応じて用意します．

順番としては，⑤管理項目，⑥管理基準，⑦管理方法，⑧管理手順，⑨管理記録となりますが，この順番でなければならないということではありませんので，やりやすい順番でよいです．このように **“プロセスの目”で中心，斜め右上，斜め右下，斜め左上，斜め左下を見る**のです．

考えてみよう！

Q6-3：あなたの部署のプロセスの“プロセスの目”における⑤管理項目，⑥管理基準，⑦管理方法，⑧管理手順，⑨管理記録を **Q3-2** の結果を参考にプロセスの目分析シートに記入してください．

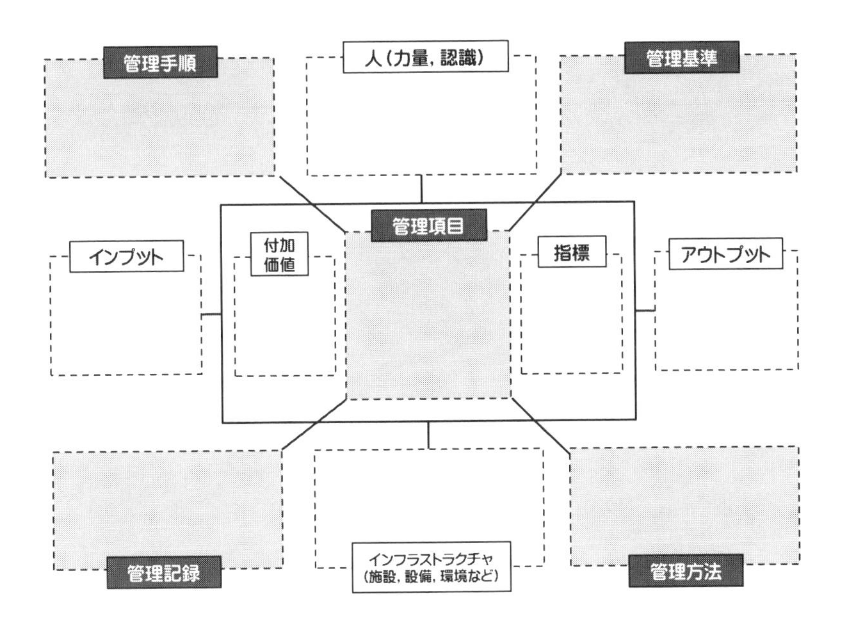

Step 1
Step 2
Step 3
Step 4
Step 5
Step 6
Step 7
Step 8
Step 9
Step 10

Step
6-4
プロセスの目で上下を見る

最後にやることは，**“プロセスの目”で上下を見ます**．上を見ると人（力量，認識）があって，下を見るとインフラストラクチャ（施設，設備，環境など）があります．プロセスを管理するのは，とにもかくにも人です．正しく間違いのないアウトプットとするために必要な力量や認識をもった人が必要です．次にインフラストラクチャです．施設，設備，プロセスを取り巻く環境が整っていないと正しく間違いのないアウトプットにはならないし，よい結果が得られません．必要なインフラストラクチャとその維持方法を明らかにします．維持方法については，管理手順で明らかにしてもよいでしょう．

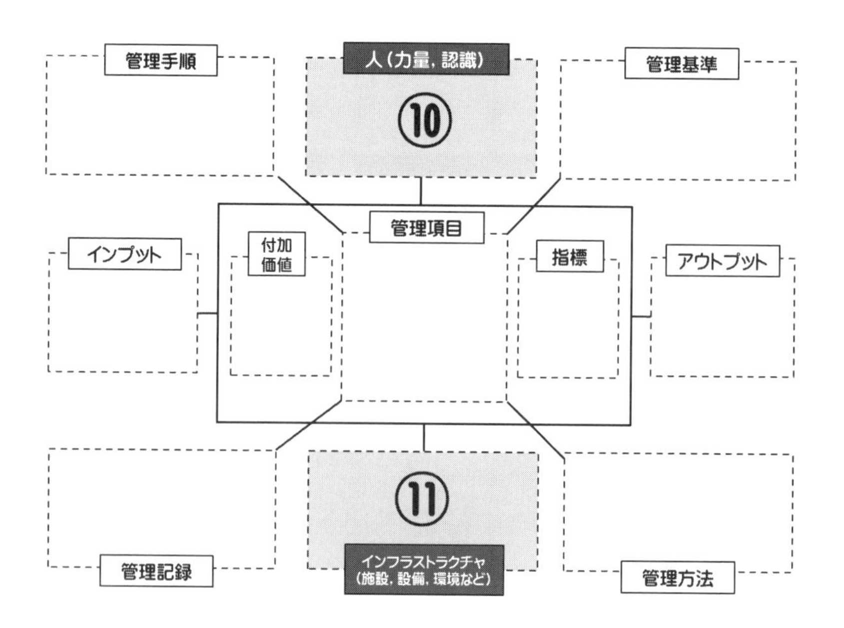

順番としては，⑩人（力量，認識），⑪インフラストラクチャ（施設，設備，環境など）となりますが，この順番でなければならないということではありませんので，やりやすい順番でよいです．このように**“プロセスの目”で意外と見にくい上下を見る**のです．人間の視野は，左右方向には広いのですが，上下方向は狭くなっています．道を歩いていても，上から何が落ちてくるかわからないので注意が必要です．段差や何かにつまずいて転んでしまう危険もあるので，下もよく見ないといけません．上下をよく見ておくことは，プロセスの運用管理においても重要なことなのです．

考えてみよう！

Q6-4：あなたの部署のプロセスの“プロセスの目”における⑩人（力量，認識），⑪インフラストラクチャ（施設，設備，環境など）を**Q3-2**の結果を参考にプロセスの目分析シートに記入してください．

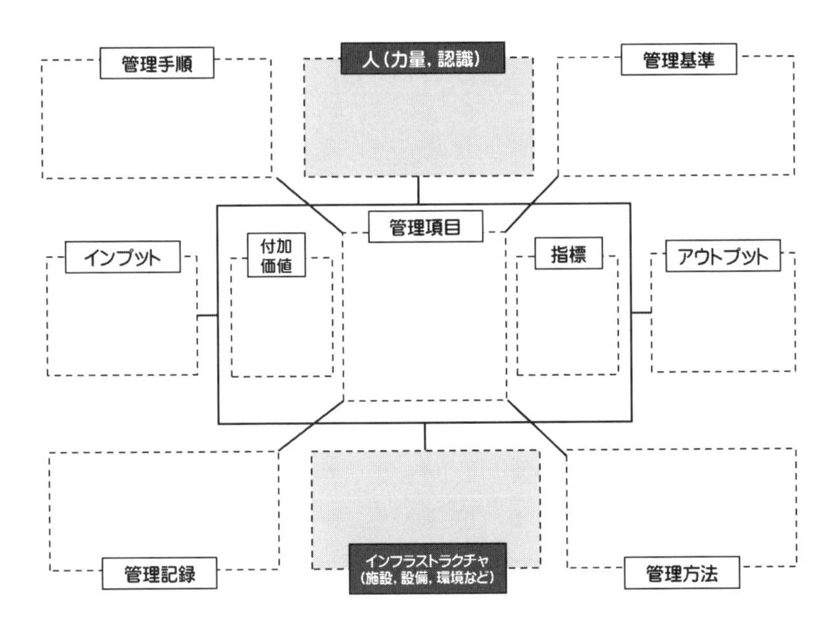

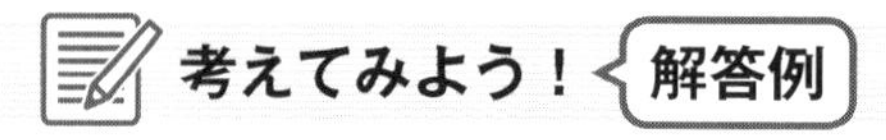

考えてみよう！ 解答例

Step 6の解答は皆さんの部署のプロセスによって異なります．したがって，Step 3同様，事例として取り上げたレストランを想定して解答例を示します．

Q6-1：レストランの調理プロセスの例

- 前のプロセス：レシピ開発プロセス，材料仕入れプロセス
- 次のプロセス：給仕プロセス

レシピ開発プロセスとすると

- 前のプロセス：企画プロセス
- 次のプロセス：材料仕入れプロセス，調理プロセス

Q6-2：レストランの調理プロセスの例

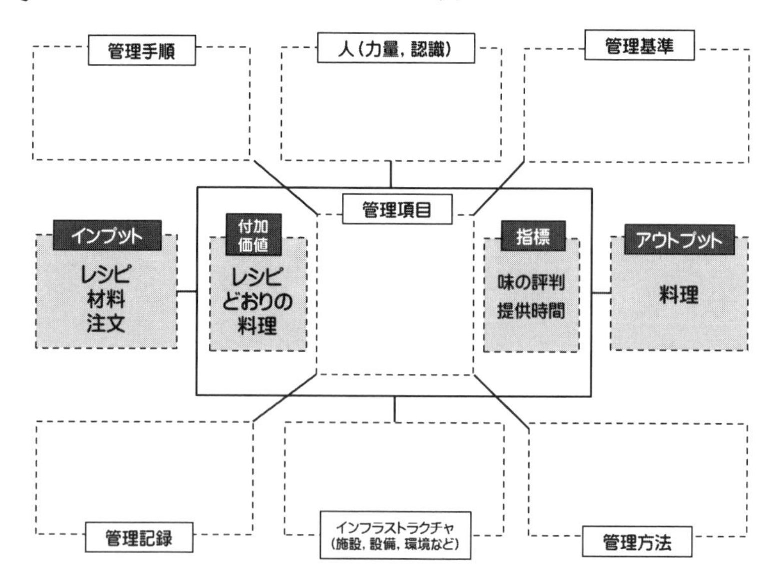

Q6-3：レストランの調理プロセスの例

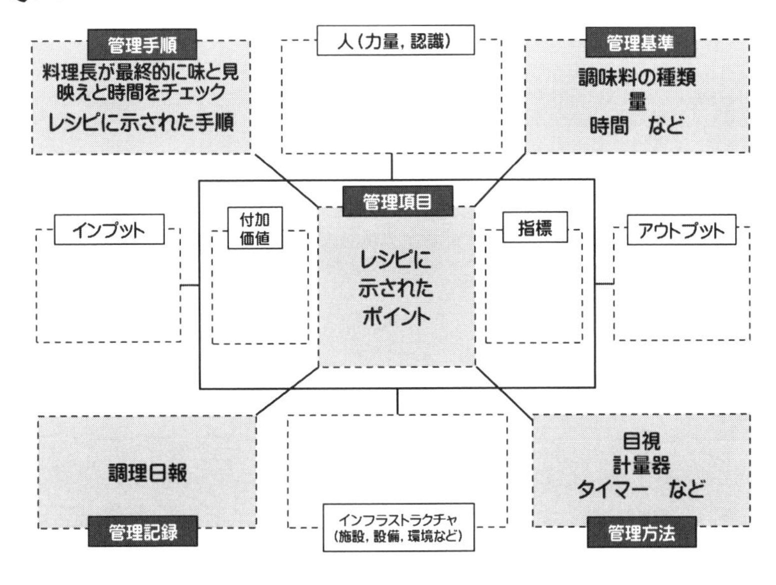

Q6-4：レストランの調理プロセスの例

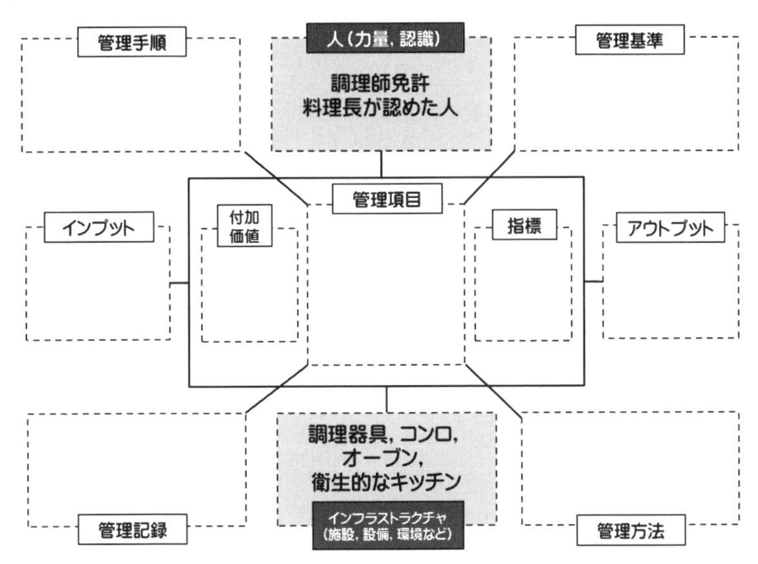

事例のレストランの調理プロセスを対象としたプロセスの目分析シートによる分析結果は以下のようになります.

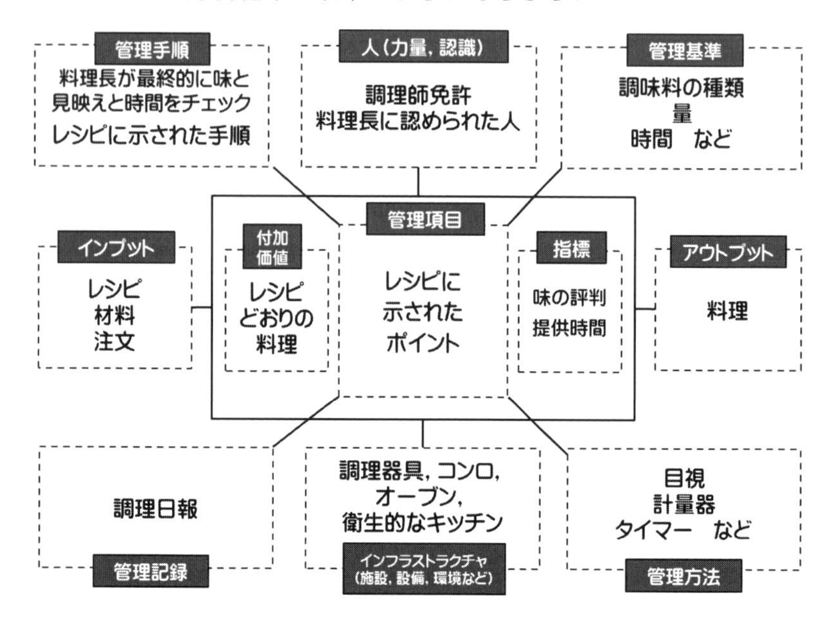

Step 7 リスクの目で分析する

Step 7で学ぶこと

“プロセスの目分析”の次は“リスクの目分析”です．このステップでは“プロセスの目”と“リスクの目”でプロセスアプローチを実践するために必要なプロセスの分析手法のうち“リスクの目分析”を理解していただきます．“リスクの目”を実施するための具体的な手順を“リスクの目で横を見る”，“リスクの目で斜めを見る”，“リスクの目で上下を見る”という順番で説明します．具体的には①内部への影響，②外部への影響，③リスク源，④指標，⑤管理項目，⑥管理基準，⑦管理方法，⑧管理手順，⑨管理記録，⑩人の弱さ，⑪インフラストラクチャの弱さという順番になります．

プロセスアプローチへのStep10

START

Step 1　プロセスを理解する
Step 2　プロセスアプローチを理解する
Step 3　仕事でプロセスを考える
Step 4　プロセスの目を理解する
Step 5　リスクの目を理解する
Step 6　プロセスの目で分析する
あなたの現在地 → Step 7　リスクの目で分析する
　7-1　リスクの目でリスクアプローチ
　7-2　リスクの目で横を見る
　7-3　リスクの目で斜めを見る
　7-4　リスクの目で上下を見る
Step 8　プロセスを管理する
Step 9　プロセスを監査する
Step10　プロセスを改善する

GOAL

Step
7-1

リスクの目でリスクアプローチ

次は“**リスクの目分析**”です．**“プロセスの目”と“リスクの目”でプロセスアプローチを実践**するわけですが，“リスクの目”でプロセスアプローチをすることを**リスクアプローチ**と言います．

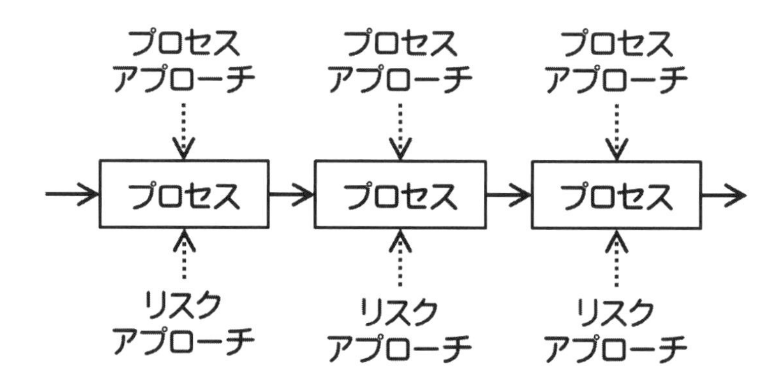

“リスクの目分析”とは，“リスクの目”を使ってリスクを最小化するためにどのようにプロセスを運用管理すればよいかを見極める方法です．具体的には，“リスクの目分析”のシートを使用します．リスクの目のそれぞれに枠を設けて記入しやすくしています．このシートを使って，部署のプロセスであれば，部署の責任者を中心に話し合いながらシートに記入して埋めていきます．リスクは起こりうる失敗ということでプロセスにひそんでいるため，なかなか思いつきません．それでも知恵を出して洗い出すことが大切なのです．

リスクの目分析シートを示します．“リスクの目”に近いかたちで記入しやすく工夫したものです．該当する文書，記録があれば文書名，記録名を合わせて記入します．

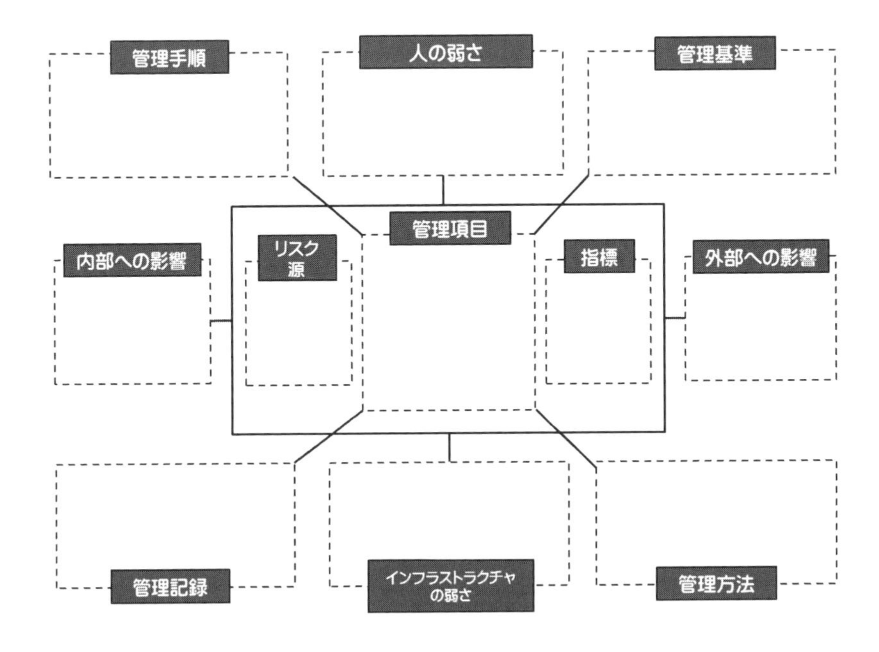

考えてみよう！

Q7-1：あなたの部署のプロセスにおいて，過去に起きてしまった失敗（現れたリスク）には何がありますか？まだ起きていないけど起こりうる失敗（ひそんでいるリスク）には何がありますか？

記入欄

-
-
-
-
-

Step

7-2

リスクの目で横を見る

最初にやることは，**“リスクの目”で横を見ます**．横には内部への影響と外部への影響があります．プロセス内部で起こりうる失敗は何かを明らかにします．そして，プロセスの外部，品質マネジメントシステムの外部で起こりうる失敗は何かを明らかにします．さらに“リスクの目”のひとみの横にはリスク源と指標があります．このプロセスで起こりうる失敗であるリスクの要因，つまりリスク源は何かを明らかにします．リスク源を明らかにしたうえで，そのリスク源を管理していこうというものです．それから，プロセスにおいてリスクアプローチがうまくいっているかどうかの指標を明らかにします．

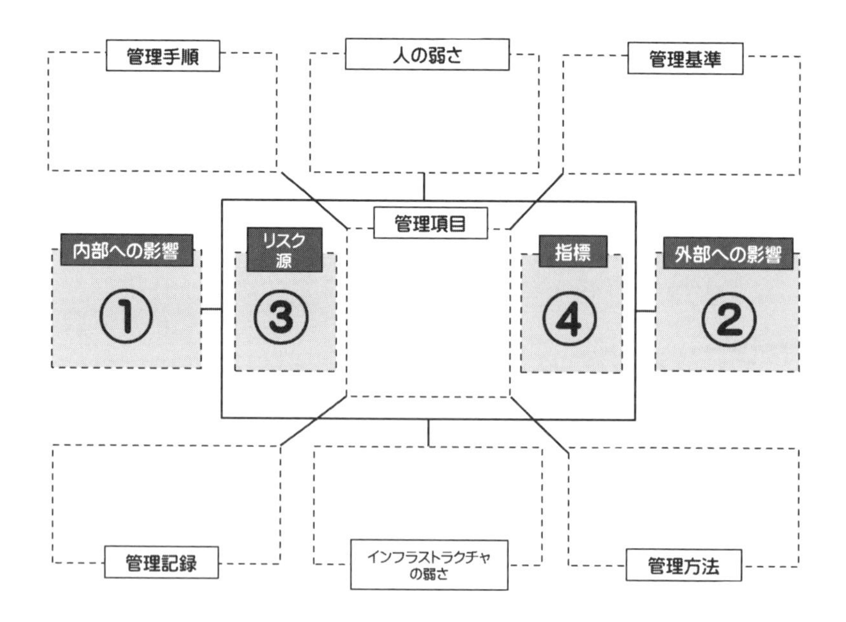

順番としては，①内部への影響，②外部への影響，③リスク源，④指標となりますが，この順番でなければならないといことではありませんので，やりやすい順番でよいです．

このように“リスクの目分析”は“リスクの目”で横を見るところから始まります．横断歩道を渡るときに交通事故というリスクを避けるために左右をよく見るように，皆さんがプロセスに向き合ったときにも，まず目を左右横に向けるのです．それは安全に道路を横断するための第一歩です．そしてリスクアプローチの第一歩がリスクの目で横をしっかり見ることなのです．

考えてみよう！

Q7-2：あなたの部署のプロセスの“リスクの目”における①内部への影響，②外部への影響，③リスク源，④指標をリスクの目分析シートに記入してください．

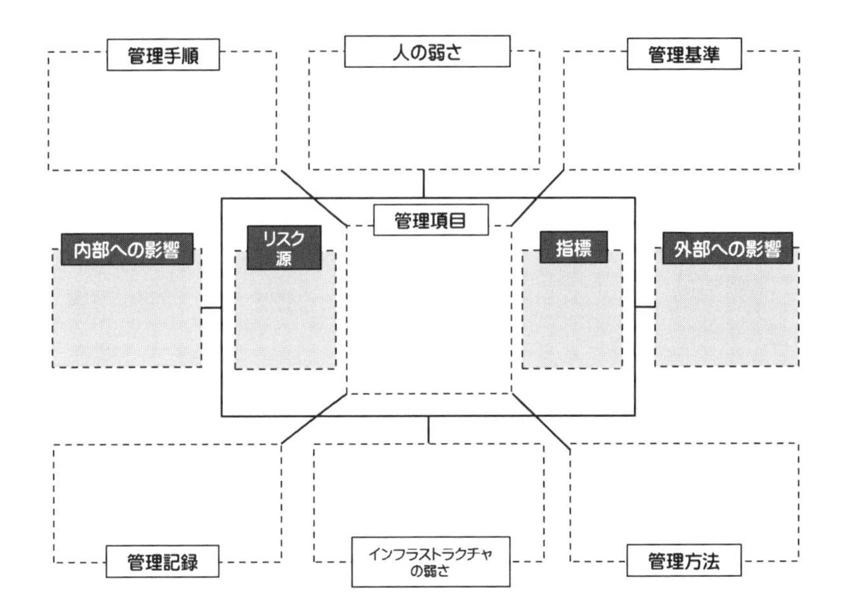

Step
7-3

リスクの目で斜めを見る

次にやることは，**“リスクの目”で斜めを見ます**．まず，ひとみにあたる中心の管理項目を明らかにします．管理項目は，明らかにされたリスク源を管理し，内部への影響や外部への影響を最小限におさえるために必要な押さえどころでした．ひとみにあたる中心の管理項目が明らかになれば，次は斜め右上の管理基準を明らかにします．斜め右上の管理基準が明らかになれば，管理基準を満たしているかどうかを確認するための管理方法を明らかにします．管理方法は，中心の管理項目の斜め右下です．次に斜め左上の管理手順を明らかにします．この流れは“プロセスの目”と同じです．

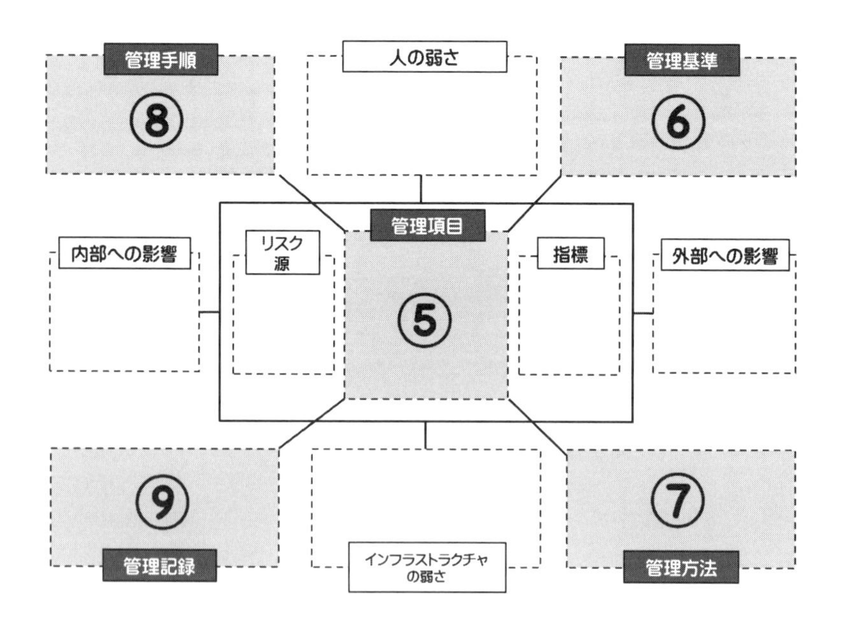

管理項目を管理するための手順やリスク源に適切に対応するための手順を明らかにします．手順は必ずしも文書にする必要はありません．必要に応じて文書にします．次に斜め左下の管理記録を明らかにします．取り決めどおりに実施したのかどうか確信を得たいときに記録をとります．管理記録は必要に応じて用意します．

順番としては，⑤管理項目，⑥管理基準，⑦管理方法，⑧管理手順，⑨管理記録となりますが，この順番でなければならないということではありませんので，やりやすい順番でよいです．このように **“リスクの目”で中心，斜め右上，斜め右下，斜め左上，斜め左下を見る**のです．

考えてみよう！

Q7-3：あなたの部署のプロセスの“リスクの目”における⑤管理項目，⑥管理基準，⑦管理方法，⑧管理手順，⑨管理記録をリスクの目分析シートに記入してください．

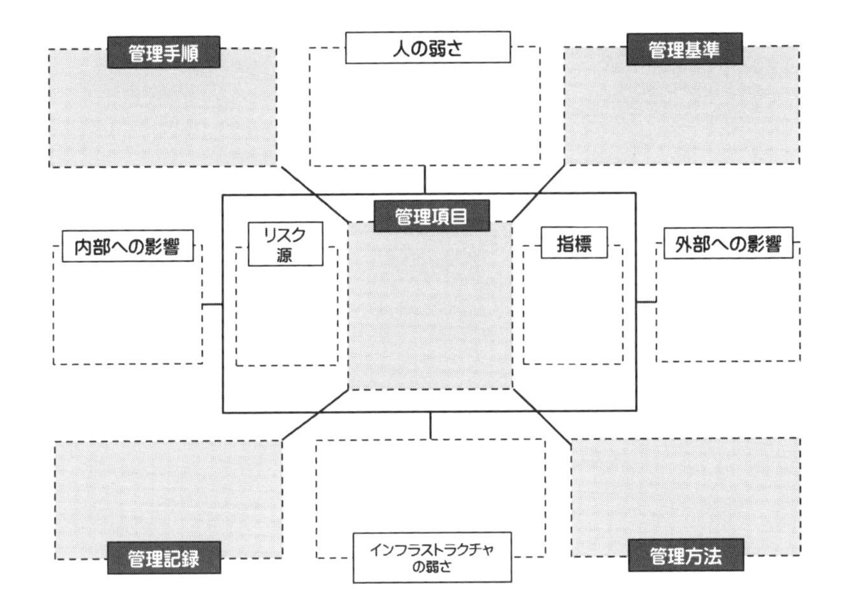

Step 1 Step 2 Step 3 Step 4 Step 5 Step 6 Step 7 Step 8 Step 9 Step 10

Step
7-4

リスクの目で上下を見る

最後にやることは，**“リスクの目”で上下を見ます**．上を見ると人の弱さがあって，下を見るとインフラストラクチャの弱さがあります．プロセスにおいてリスクを管理するのは，やはり人です．人は弱さをもっています．手を抜くとかルールを守らないとかです．想定される人の弱さを知ったうえ，管理項目が十分か，新たなリスクはないかを確認します．次にインフラストラクチャです．インフラストラクチャも完璧ではありません．設備などが突発的に故障することもあります．自然災害で物流が途絶えることもあります．インフラストラクチャの弱さを知ったうえで，管理項目が十分か，新たなリスクはないかを確認します．

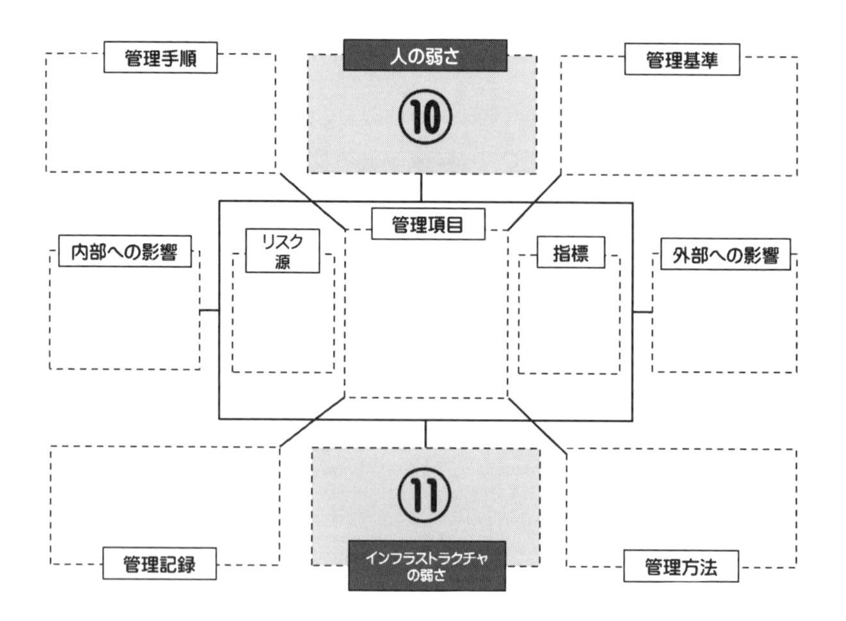

順番としては，⑩人の弱さ，⑪インフラストラクチャの弱さとなりますが，この順番でなければならないということではありませんので，やりやすい順番でよいです．このように**“リスクの目”においても意外と見にくい上下を見る**のです．人間の視野は，左右方向には広いのですが，上下方向は狭くなっていることを説明しました．見えにくい上の方や下の方をよくよく見ることで，リスクを最小限に抑えることができることでしょう．人の弱さ，インフラストラクチャの弱さにつけ込まれないようにしなければなりません．備えあれば憂いなしでプロセスの運用管理においてもリスクに備えておくことが重要なのです．

考えてみよう！

Q7-4：あなたの部署のプロセスの“リスクの目”における⑩人の弱さ，⑪インフラストラクチャの弱さをリスクの目分析シートに記入してください．

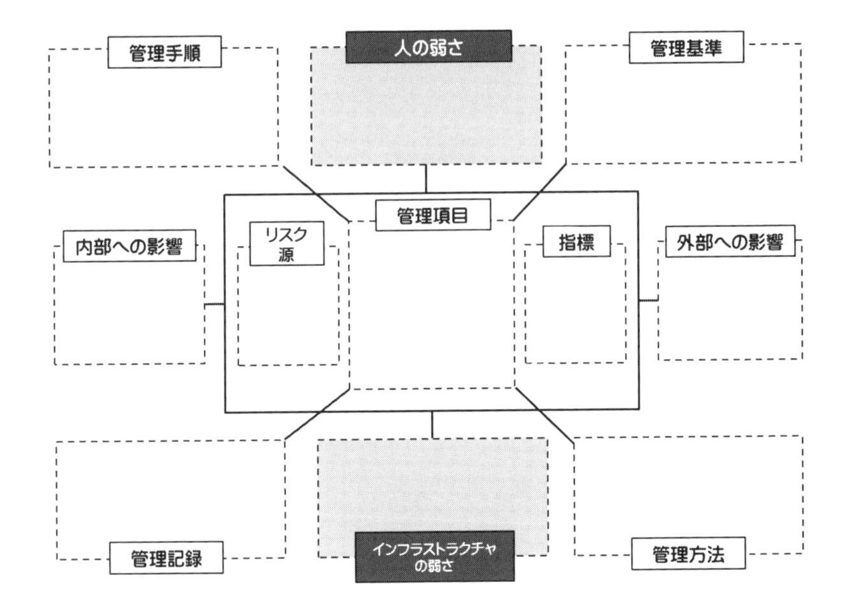

考えてみよう！ 解答例

Step 7の解答も皆さんの部署のプロセスによって異なります．したがって，Step 6同様，事例として取り上げたレストランを想定して解答例を示します．

Q7-1：レストランの調理プロセスの例

- やけど／材料が入手できない／材料の高騰／人がすぐやめてしまう
- 食中毒／風評被害（うその食材を使うなど）／ライバルが近くに出店／におい・騒音による近所への迷惑

Q7-2：レストランの調理プロセスの例

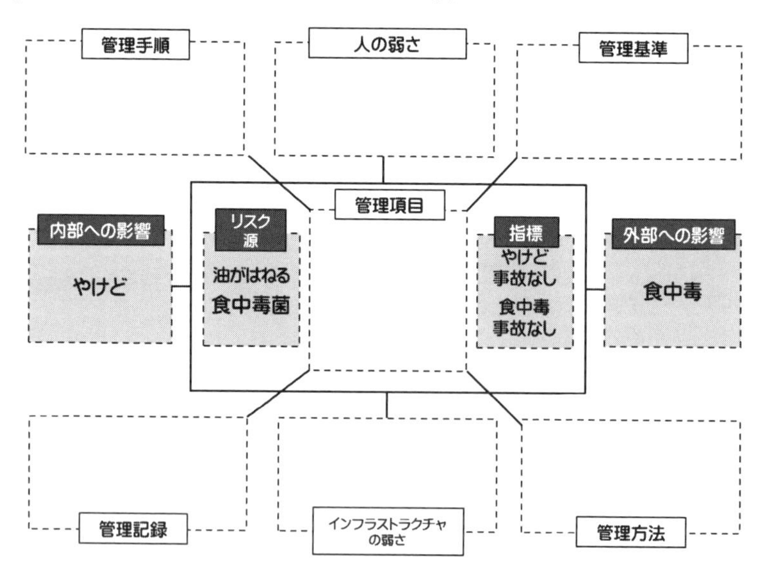

Q7-3：レストランの調理プロセスの例

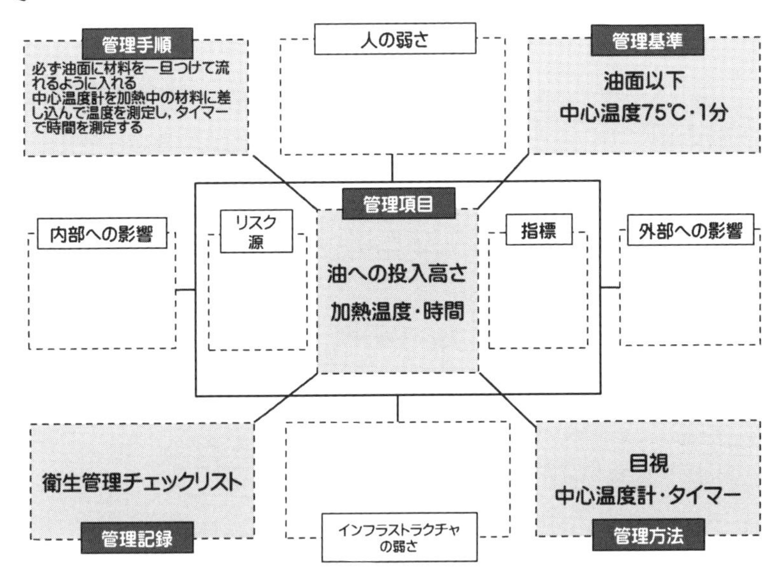

Q7-4：レストランの調理プロセスの例

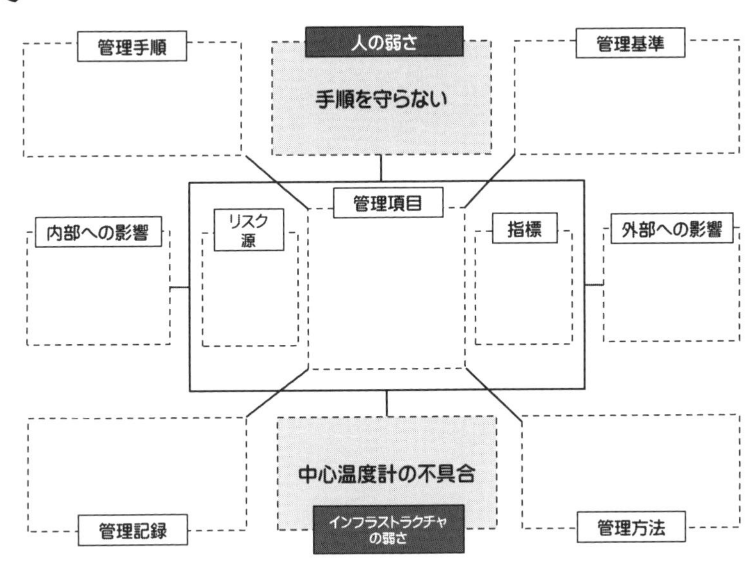

事例のレストランの調理プロセスを対象としたリスクの目分析シートによる分析結果は以下のようになります.

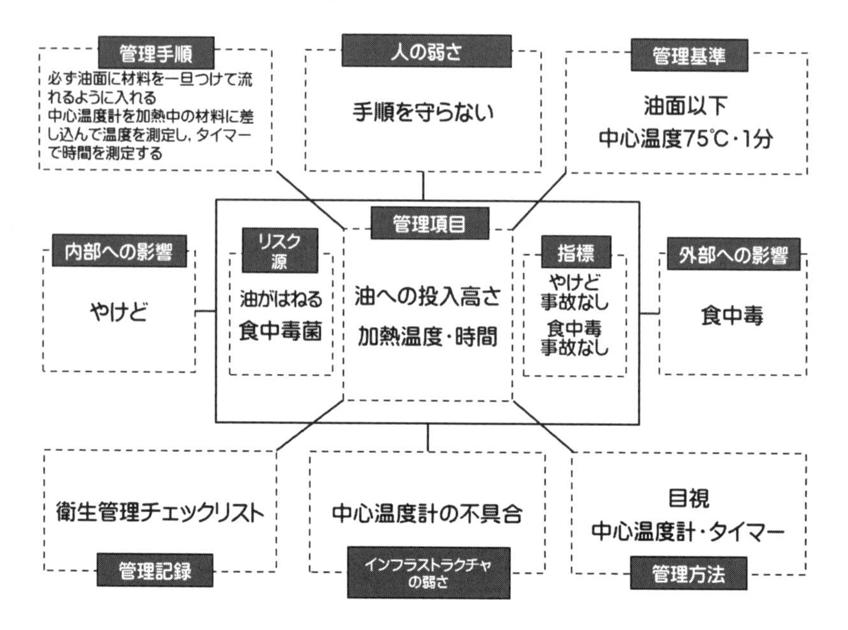

Step 8 プロセスを管理する

Step 8で学ぶこと

“プロセスの目分析”と“リスクの目分析”でプロセスの運用方法を明らかにすることを理解していただきました．このステップではプロセスの運用方法を正式に決め，決められたとおりに実施し，決められたとおりに実施できているか確認し，もし決められたとおりに実施できていなければできるようにするための具体的方法を理解していただきます．プロセスだけでなく品質マネジメントシステム全体とのバランスを調整することが大切で，そのためには品質マネジメントシステムの責任者（トップマネジメント又は管理責任者）が関与して決定することが求められます．

プロセスアプローチへのStep10

START

Step 1　プロセスを理解する
Step 2　プロセスアプローチを理解する
Step 3　仕事でプロセスを考える
Step 4　プロセスの目を理解する
Step 5　リスクの目を理解する
Step 6　プロセスの目で分析する
Step 7　リスクの目で分析する
あなたの現在地 → **Step 8**　プロセスを管理する
8-1　プロセスの運用方法を決める
8-2　決められたとおりに実施する
8-3　決められたとおりに実施できているか確認する
8-4　決められたとおりに実施できていなければできるようにする
Step 9　プロセスを監査する
Step10　プロセスを改善する

GOAL

Step

8-1

プロセスの運用方法を決める

“プロセスの目”，“リスクの目”によるプロセスの目分析とリスクの目分析により，プロセスの運用方法が明らかになりました．“プロセスの目”と“リスクの目”の二つの目でプロセスに向き合うのです．

並べると，ちょうど両目のようです．そうです，この両目をしっかり見開いて，プロセスに向き合うのです．

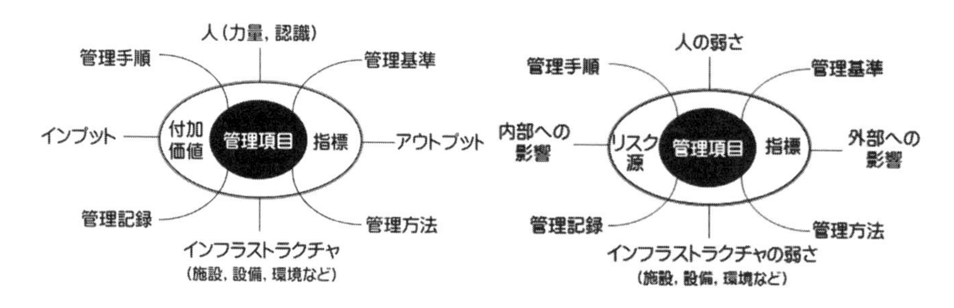

次に実施すべきことは，この**明らかになったことをプロセスの責任者が正式に決定**し，見えるかたちでプロセスにかかわる人々に伝達しなければなりません．伝達とは，単に知らせることではなく認識させるところまでを含みます．伝達する際には，プロセスの目分析シート，リスクの目分析シートが役立ちます．

プロセスとそのつながりが品質マネジメントシステムなので，プロセスの運用方法の決定は，**そのプロセスだけで判断するのではなく全体のバランスを考えなければなりません．そうなると品質マネジメントシステムの責任者（トップマネジメント又は管理責任者）が最終的に決定することが望まれます**．品質マネジメントシステムの責任者は，明らかにされたプロセスの運用方法をチェックし，必要に応じて修正をプロセスの責任者に指示します．そうして，品質マネジメントシステム全体のバランスを調整します．調整した結果は，プロセスの目分析シート，リスクの目分析シートに加え，プロセスとそのつながりを明らかにしたプロセスフローチャートなどに示されます．また，プロセスの運用方法を各プロセスで使用する手順書や規定や品質マニュアルなど品質マネジメントシステム文書に示すことも有効です．

プロセスの運用方法を決める

明らかにする …… プロセスの目・リスクの目分析シート

決定する ……… プロセス責任者，QMS責任者

↓

伝達する ……… 分析シート，フローチャート，QMS文書など

考えてみよう！

Q8-1：あなたの部署のプロセスの運用方法を決定するのは誰ですか？
あなたの会社において，品質マネジメントシステム全体のバランスを調整し，最終的に決定する責任者は誰ですか？

記入欄

プロセス：

・

品質マネジメントシステム：

・

Step
8-2

決められたとおりに実施する

明らかにし，決定し，伝達されたプロセスの運用方法も，決められたとおりに実施しなければ意味がありません．**プロセスにかかわる全員が決められたことを理解し，決められたことを実行すること**が求められます．

ルールを守る，手順どおりに行う，やるべきことをやるというのは，意外と難しいものです．決められたことを決められたとおりに実施できるようにプロセスの運用方法を教え込まなければなりません．**プロセスの運用方法を伝達できたからといって，必ずしも実施できるようになるとは限らない**のです．

決められたことを決められたとおりに実施できるようにするためには，決められたことを決められたとおりに実施しなければならないという認識をもたせることから始まります．知らせるだけでなく，認識までさせることが伝達であると説明しました．認識させるのも容易ではありません．**プロセスの責任者が自ら決められたプロセスの運用方法を守っていくのだという姿勢を見せる必要があります**．そして，**何度も何度も決められたとおりに実施することの大切さを声に出してプロセスにかかわる人々に言い聞かせる必要があります**．

しかし，これで終わりではありません．まずは，決められたプロセスの運用方法が**本当に理解できているのかどうか確かめなければなりません**．質問をする，テストをするなどして，理解度を確かめます．

決められたプロセスの運用方法が理解できていることが確認できたら，次は，実際にできるようにしなければなりません．試しにやらせてみることが大切です．そうです，トレーニング（訓練）です．試しにやらせてみて，うまくいくまで何度も繰り返します．ここで手を抜いてはいけません．**何度もきちんとできるまでトレーニングします**．トレーニング期間中は，上司や先輩がそばで見ている必要があります．最後に，**一人で確実にできるかどうかを確認して終了**です．

よくあるのは，伝達したから大丈夫だと思っていても，間違って理解しているケースや勝手にやり方を変えてしまうケースがあります．このようなことがないように，特に新たにプロセスにかかわる人に関しては，最初ほど丁寧に手を抜かずに教え込むことが大切です．

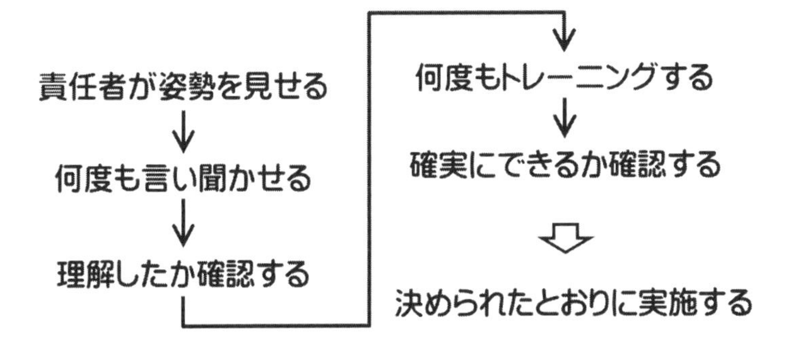

考えてみよう！

Q8-2：あなたの部署のプロセスの運用方法を皆が決められたとおりに実施するためには，何をしなければならないか考えてください．

記入欄

・

・

・

・

Step 1 Step 2 Step 3 Step 4 Step 5 Step 6 Step 7 Step 8 Step 9 Step 10

Step
8-3
決められたとおりに実施できているか確認する

いくらトレーニングを積んで，確実にできるかどうかを確認し業務につかせたとしても，実際にできているかどうか心配です．トレーニングではできたけど，実際の業務ではできないということもありますので，やはり，**決められたとおりに実施できているかどうか，業務の中で継続して確認する必要があります**．

では，実際どのように確認すればよいのでしょうか？まずは，**プロセスの責任者によってプロセスにかかわる人々が実際に決められたとおりに実施できているかどうか観察する方法**があります．プロセスがある場所で，時間をかけて観察しなければなりません．プロセスの責任者が常にいる場所とプロセスの現場が離れている場合は，特に意識していないとプロセスの現場の観察はなおざりになりがちです．例えば，料理長が調理プロセスのある調理室に常にいない場合などです．

次は，管理記録をチェックする方法があります．プロセスの責任者による現場の確認は確実な方法ではあるですが，どうしても時間がかかってしまいますし，責任者がいるときだけ，決められたとおりに実施しているかもしれません．したがって，**業務の日常の管理状況を確認するために管理記録をチェックする**ことが有効です．これも継続的なチェックが必要です．ある日の記録だけを見ても，その日だけ，たまたま決められたとおりに実施できているだけかもしれないし，逆にその日だけ，たまたま決められたとおりに実施できていないだけかもしれないからです．そのような心配があるなら，毎日チェックする，1週間分まとめてチェックする，1か月分まとめてチェックするなどの工夫が大切です．

次は，プロセスの責任者が**プロセスにかかわる人々に実際に質問して聞いてみる**ことです．決められたとおりに実施できているかどうかプロセスにかかわる人々本人に質問してみるのです．決められたとおりに実施できていなければ正直に話してもらわなければならないので，広い心で聞く耳をもって質問する必要があります．また，決められたとおりに実施できていても，やりにくさやつらさがあるかもしれませんので，それもよく聞いておく必要があります．

決められたとおりに
実施できているか確認する

責任者が観察する

記録をチェックする …… **本人に質問する**

考えてみよう！

Q8-3：あなたの部署のプロセスの運用方法が決められたとおりに実施できているかどうか確認する方法を具体的に考えてください．

記入欄

-
-
-
-
-

Step 8-4

決められたとおりに実施できていなければできるようにする

決められたとおりに実施できているか確認して，実施できていれば問題ないのですが，実施できていなければ何とかできるようにしなければなりません．なぜ，ここまで決められたとおりに実施することが重要なのでしょうか？これは，ねらいどおりのアウトプットが得られなかったり，よい結果が得られなかったりするとか，想定していたリスクにうまく対応できなかったなど，プロセスに何か問題が発生したときに何を疑っていいのかわからなくなるからです．もし，決められたプロセスの運用方法を決められたとおりに実施していて，問題が発生したならば，“プロセスの目”，“リスクの目”の何かが悪かったり，弱かったりしているはずなので，そこを調査して直すことができます．ピンチをチャンスにして，問題発生をよりよいプロセスへと向上させることができるのです．このような理由から，やはり決められたとおりに実施できることが基本であり，確実にできるようにしなければならないのです．

もし，**決められたとおりに実施できていないことがわかったら，まずやるべきことは，なぜ決められたとおりに実施できなかったのか，その原因を突き止めなければなりません**．プロセスの運用方法自体に問題がなかったとすれば，**決められたとおりに実施させるところが弱かったと判断できます**．具体的には，プロセスの責任者が姿勢を見せる，何度も言い聞かせる．本当に理解できているのかどうか確かめる，試しにやらせてみて，うまくいくまで何度もトレーニングする，一人で確実にできるかどうかを確認するということでした．ということは，これらの何かが悪かったり，弱かったりしたはずですので，これらのやり方を十分に行ったか，やり方そのものに問題がなかったかを検討して，再度やり直す必要があります．

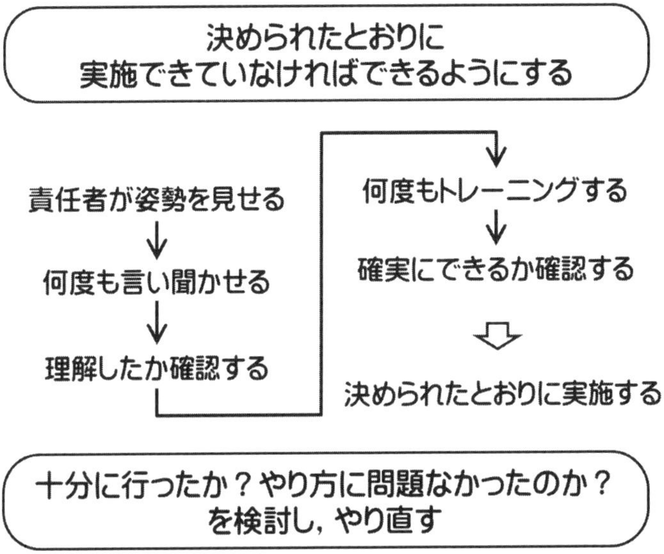

決められたとおりに
実施できていなければできるようにする

責任者が姿勢を見せる
↓
何度も言い聞かせる
↓
理解したか確認する

何度もトレーニングする
↓
確実にできるか確認する
⇩
決められたとおりに実施する

十分に行ったか？やり方に問題なかったのか？
を検討し，やり直す

考えてみよう！

Q8-4：あなたの部署のプロセスの運用方法が決められたとおりに実施できていなかったとしたら，どのようにすればできるようになるか考えてください．

記入欄

-
-
-
-
-

Step 1 Step 2 Step 3 Step 4 Step 5 Step 6 Step 7 Step 8 Step 9 Step 10

考えてみよう！ 解答例

Step 8の解答も皆さんの部署のプロセスによって異なります．したがって，Step 7同様，事例として取り上げたレストランを想定して解答例を示します．

Q8-1：レストランの調理プロセスの例

- プロセス：料理長
- 品質マネジメントシステム：店長

Q8-2：レストランの調理プロセスの例

- 料理長自身が決められたプロセスの運用方法を守り，決められたことを決められたとおりに実施する重要性を調理部署全員に伝える．
- 料理長がプロセスの目分析シート，リスクの目分析シートを使って理解させ，決められたとおりに実施することの重要性を調理部署全員に，それぞれ何度も言い聞かせる．
- 未記入のプロセスの目分析シートとリスクの目分析シートに調理部署全員に理解しているかどうかを確かめるために記入させる．
- 力量のあるトレーナーを決めて，訓練対象者にトレーニングをさせる．完全にできるようになるまでトレーニングを繰り返す．
- 一人でも確実にできるか，実技テストを行い確認する．

Q8-3：レストランの調理プロセスの例

- 料理長が調理部署全員の働きぶりを対象者や日時を決めて観察する．
- 調理日報で確実な管理ができているかどうかを毎日チェッ

クする.

- 調理部署全員と定期的に面談の時間を設けて，最近の仕事の状況や仕事に対する不満，希望，提案を聞く.

Q8-4：レストランの調理プロセスの例

- 業務が忙しくトレーニングが十分できなかったので，トレーニング期間をあらかじめ定めておき，設定期間以上のトレーニングを必ず行うこととする.
- トレーニング方法がよくなかったので，料理長と調理部署全員が集まって，どのようなトレーニングが適切かを検討し，新たなトレーニング方法に変更する.

Step 9 プロセスを監査する

Step 9で学ぶこと

皆さんも定期的に健康診断を受けていることでしょう．プロセスも定期的な健康診断が必要です．それがプロセス監査です．このステップではプロセス監査について，考え方と実践方法を理解していただきます．プロセス監査もプロセスアプローチで行います．したがって，プロセス監査においても“プロセスの目”と“リスクの目”が重要で，この二つの目でプロセスにひそむ悪さや弱さを見出していくのです．プロセス監査でもプロセスとそのつながりの全体である品質マネジメントシステムにも注意を向ける必要があり，品質マネジメントシステムにひそむ悪さと弱さを見出していくのです．

プロセスアプローチへのStep 10

START

Step 1　プロセスを理解する
Step 2　プロセスアプローチを理解する
Step 3　仕事でプロセスを考える
Step 4　プロセスの目を理解する
Step 5　リスクの目を理解する
Step 6　プロセスの目で分析する
Step 7　リスクの目で分析する
Step 8　プロセスを管理する
あなたの現在地 → Step 9　プロセスを監査する
　9-1　プロセスの目，リスクの目に基づき準備する
　9-2　プロセスの目，リスクの目の両目で監査する
　9-3　プロセスにひそむ悪さと弱さを見出す
　9-4　品質マネジメントシステムにひそむ悪さと弱さを見出す
Step 10　プロセスを改善する

GOAL

Step
9-1

プロセスの目，リスクの目に基づき準備する

皆さんも年に1回くらいは健康診断を受けていることと思います．からだの健康を維持するには大切なことです．日常でも食事や運動など健康管理はされているかと思います．もし病気になったり，体調が悪くなったりしたら病院に行って検査をしてもらって治すことでしょう．しかし，病気でもなく，体調が悪くなくても定期的に健康診断を受けています．それは，今は気づかないけど，ひょっとしてからだのどこかが悪くなっていたり，弱くなっていたりするかもしれないからです．

プロセスも同様で，日常業務の中で問題が発生したら，そのときそのときで対応します．"プロセスの目"や"リスクの目"のどこが悪いか，どこが弱いのかを調査し直します．しかし，**プロセスにおいても今は気づかないけど，ひょっとしてプロセスのどこかが悪くなっていたり，弱くなっていたりする可能性があります**．そうです，**プロセスにおいても定期的な健康診断が必要なのです**．その定期健診が**プロセス監査**ということなのです．

プロセス監査とは，プロセスに焦点を当てて，プロセスがよりよい結果を出せるようにプロセスの改善をうながすための監査のことです．

プロセス監査でも"プロセスの目"によるプロセスアプローチ，"リスクの目"によるリスクアプローチを忘れてはいけません．なぜなら，監査の対象であるプロセスが"プロセスの目"によるプロセスアプローチ，"リスクの目"によるプロセスアプローチ，すなわちリスクアプローチを実践しているからです．監査においても，この二つのアプローチが求められるのです．

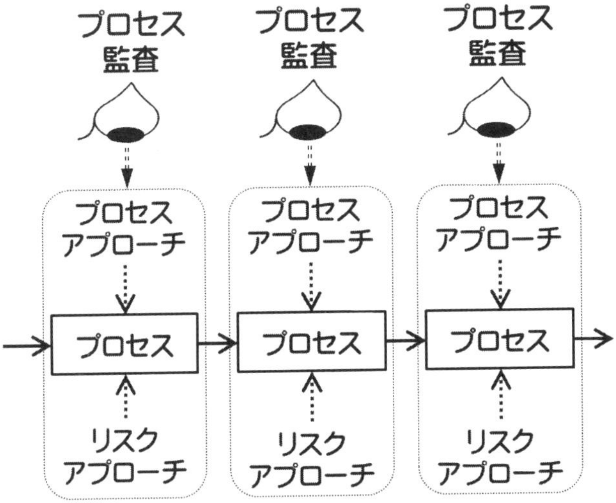

プロセス監査　プロセス監査　プロセス監査

プロセスアプローチ　プロセスアプローチ　プロセスアプローチ

プロセス → プロセス → プロセス

リスクアプローチ　リスクアプローチ　リスクアプローチ

プロセス監査において準備すべきものは，プロセスの目分析シートとリスクの目分析シートです．すでに，この二つの目分析シートが存在しているのであれば，準備は簡単です．

考えてみよう！

Q9-1：あなたは他の部署のプロセスを監査することになりました．準備のため被監査プロセスの二つの目分析シートを確認したところ空欄が数か所ありました．このとき監査員として正しい行動はどれでしょうか？

選択肢

① 空欄は問題であるとして被監査プロセスの責任者に是正を求める．

② 空欄を無視する．

③ 空欄を埋めてもらうよう被監査プロセスの責任者にお願いする．

④ 空欄であることの理由や適切性をプロセス監査時に確認する．

Step
9-2
プロセスの目，リスクの目の両目で監査する

プロセス監査では，被監査プロセスのプロセスの目分析シートとリスクの目分析シートの二つの目分析シートがあれば，ほとんど準備の必要がありません．二つの目分析シートをもとに監査を進めればよいのです．ということは，**プロセス監査においても“プロセスの目”，“リスクの目”の両目でプロセスに向き合う**ことになります．

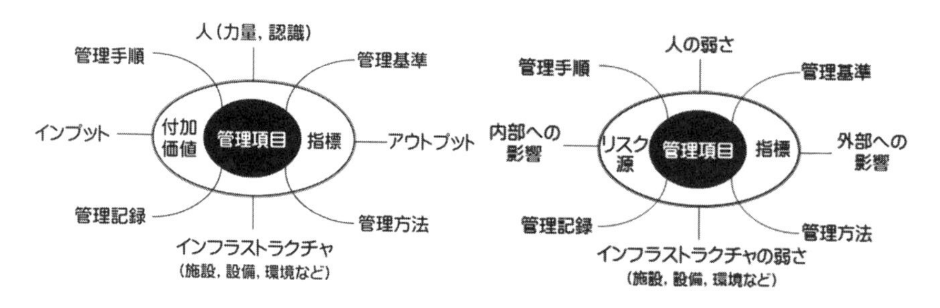

二つの目分析シートがあれば，準備は簡単なのですが，仮に二つの目分析シートが無かったとしても，この“プロセスの目”，“リスクの目”で被監査プロセスに向き合えば，プロセス監査の目的であるプロセスがよりよい結果を出せるようにプロセスの改善をうながすことができるのです．

監査する順番に決まりはありませんが，“プロセスの目”で分析する順番，“リスクの目”で分析する順番で確認していくとよいでしょう．“プロセスの目”と“リスクの目”のどちらから始めてもかまいませんが，“プロセスの目”の監査を先に，“リスクの目”の監査を次にすればよいでしょう．まずは，決められたプロセスの運用方法が決められたと

おりに実施されているかの確認をします．

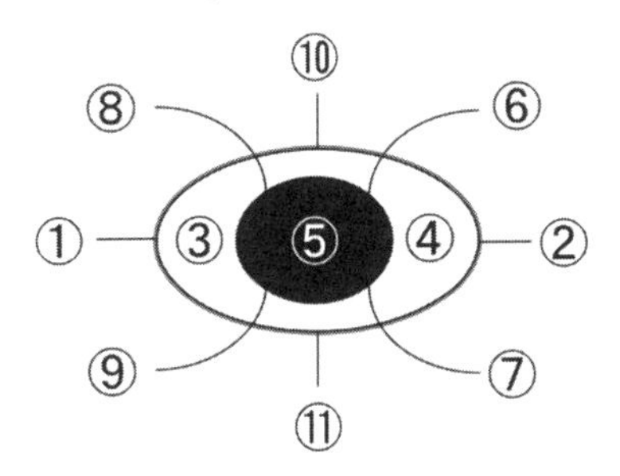

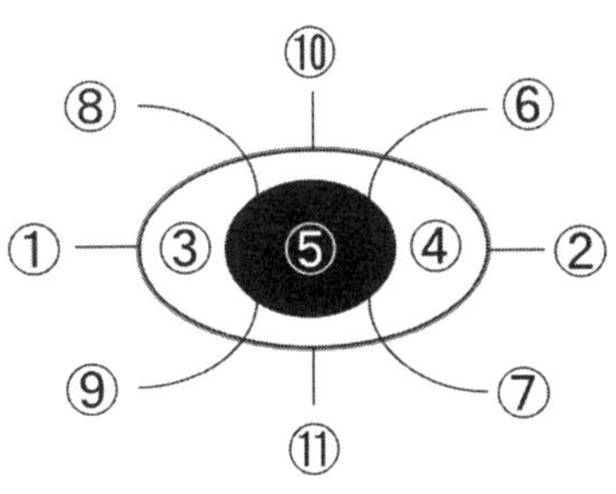

プロセスの目

①インプット
②アウトプット
③付加価値
④指標
⑤管理項目
⑥管理基準
⑦管理方法
⑧管理手順
⑨管理記録
⑩人（力量，認識）
⑪インフラストラクチャ（施設，設備，環境など）

リスクの目

①内部への影響
②外部への影響
③リスク源
④指標
⑤管理項目
⑥管理基準
⑦管理方法
⑧管理手順
⑨管理記録
⑩人の弱さ
⑪インフラストラクチャの弱さ（施設，設備，環境など）

考えてみよう！

Q9-2：あなたは今，他の部署のプロセスを監査しています．そこで決められたとおりに実施されていなかったことを確認しました．このとき監査員として正しい行動はどれでしょうか？

選択肢

① 実施していなかった担当者を呼んで厳重注意を与える．
② なぜ実施できていなかったのか，もう少しくわしく調査する．
③ 直ちに問題ありとプロセスの責任者に警告する．
④ 実施していなかったのが一人だったら問題なしとする．

Step
9-3
プロセスにひそむ悪さと弱さを見出す

“プロセスの目”，“リスクの目”に基づき決められたプロセスの運用方法が決められたとおりに実施できていることをプロセス監査で確認します．決められたことが決められたとおりに実施できていなければ，きちんと指摘しなければなりません．

“プロセスの目”によるプロセスの運用方法が決められたとおりに実施できていないとすれば，そのプロセスに“悪さ”がひそんでいることになります．それだけでなく，“プロセスの目”の指標を満たしていなければ，決められたプロセスの運用方法自体が悪いので，これもプロセスに“悪さ”がひそんでいることになります．**“プロセスの目”に基づくプロセス監査によってプロセスにひそんでいる“悪さ”を見出す**のです．

“リスクの目”によるプロセスの運用方法が決められたとおりに実施できていないとすれば，そのプロセスに“弱さ”がひそんでいることになります．それだけでなく，“リスクの目”の指標を満たしていなければ，決められたプロセスの運用方法自体が悪いので，これもプロセスに“弱さ”がひそんでいることになります．**“リスクの目”に基づくプロセス監査によってプロセスにひそんでいる“弱さ”を見出す**のです．

皆さんが受診する健康診断では，もしからだの悪さや弱さが見つかったら，医師はどこがどのように悪いのか，どこがどのように弱いのかを受診者にしっかりと伝えます．プロセス監査は，プロセスの定期的な健康診断ということでしたので，プロセス監査でも同様です．医師と同じようにプロセス監査を実施した監査者は，どこがどのように悪いのか，どこがどのように弱いのかを受診者であるプロセスの責任者にしっかりと伝えなればなりません．

プロセス監査で見出された“悪さ”や“弱さ”は，“プロセスの目”や“リスクの目”のどこかが悪く，どこかが弱いということです．ということは，監査者は“プロセスの目”のどこが悪かったのか，“リスクの目”のどこが弱かったのかを明らかにして，受診者であるプロセスの責任者に伝えるのです．そうすることで，指摘された内容に対して，**プロセスの責任者は，プロセスのどこを直すべきか，どこを変えていくべきか迅速かつ的確にわかる**のです．

指摘を受けたプロセスの責任者は，なぜ決められたとおりに実施できなかったのか，なぜ指標を満たせなかったのかを調査し，真の原因を明らかにして，その原因を取り除かなければなりません．

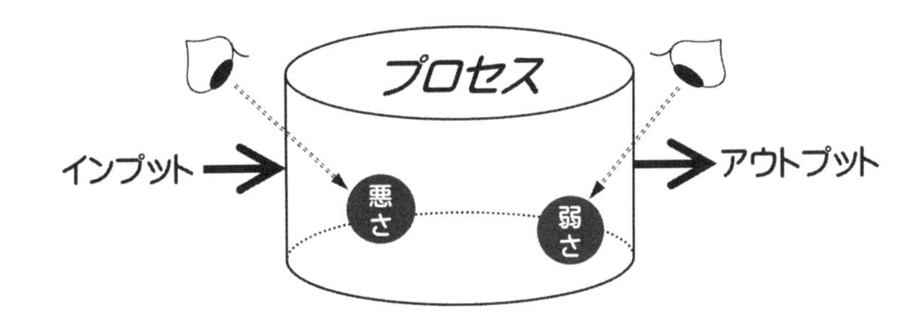

考えてみよう！

Q9-3：プロセス監査で重視すべきことは，次のうちどれでしょうか？

選択肢

① 管理記録に抜けはないか？

② 管理手順が文書化されているか？

③ よいアウトプットを選別して次のプロセスに渡しているか？

④ プロセスに悪さと弱さがひそんでいるか？

Step
9-4
品質マネジメントシステムにひそむ悪さと弱さを見出す

プロセス監査により，プロセスにひそむ“悪さ”や“弱さ”を見出すことができ，よりよいプロセスとなるのです．しかし，それぞれのプロセスが単独でよくなったとしても，全体でよくならなければ意味がありません．プロセスとそのつながりが品質マネジメントシステムでした．そうすると，全体の品質マネジメントシステムがよりよくなる必要があるのです．

プロセス監査と言っても，プロセスだけに焦点を当てるのではなく，プロセスとそのつながりの全体である品質マネジメントシステムにも注意を向けなければなりません．そもそも品質マネジメントシステムには，さまざまな**ニーズ・期待**が寄せられています．顧客のニーズ・期待，法規制などのニーズ・期待，経営者のニーズ・期待などさまざまです．

プロセス監査では，**品質マネジメントシステムに寄せられているニーズ・期待を満たせるような品質マネジメントシステムやプロセスになっているかどうかの視点で監査する必要があります．もちろん品質マネジ**

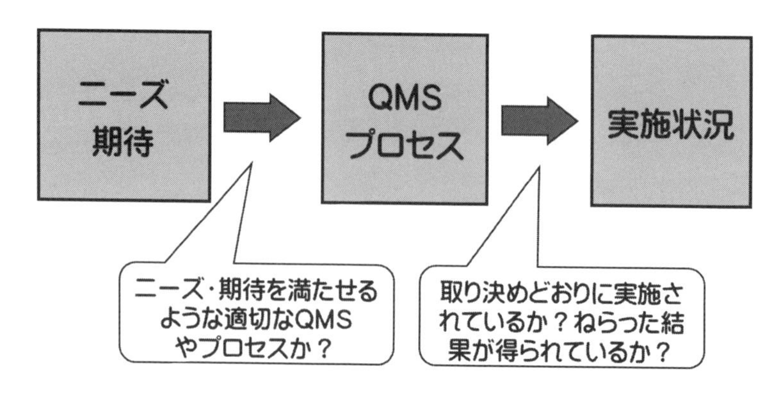

メントシステムやプロセスの取り決めどおりに実施しているか？指標などねらった結果が得られているか？どうかの視点も大切です.

こうすることで，品質マネジメントシステムにひそむ悪さと弱さを見出すことができるのです．見出された品質マネジメントシステムにひそむ悪さと弱さは，どのプロセスの何が悪いか弱いかまで深掘りして，該当するプロセスの責任者が対応します．

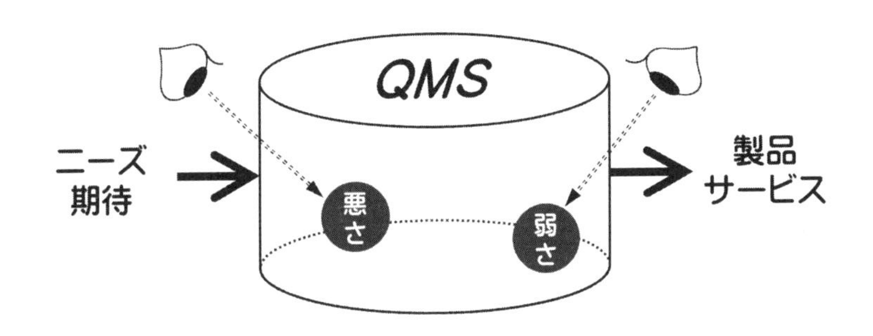

考えてみよう！

Q9-4：あなたの会社（品質マネジメントシステム）に寄せられているニーズ・期待にはどのようなものがあるか挙げてください．

選択肢　例）できるだけ低コストで製品を提供して欲しい（顧客）

-
-
-
-
-
-
-

考えてみよう！ 解答例

Q9-1：監査員として正しい行動は④である.

① 空欄は問題であるとして被監査プロセスの責任者に是正を求める.

② 空欄を無視する.

③ 空欄を埋めてもらうよう被監査プロセスの責任者にお願いする.

④ 空欄であることの理由や適切性をプロセス監査時に確認する.

Q9-2：監査員として正しい行動は②である.

① 実施していなかった担当者を呼んで厳重注意を与える.

② なぜ実施できていなかったのか，もう少しくわしく調査する.

③ 直ちに問題ありとプロセスの責任者に警告する.

④ 実施していなかったのが一人だったら問題なしとする.

Q9-3：

プロセス監査で重視すべきことは④である.

① 管理記録に抜けはないか？

② 管理手順が文書化されているか？

③ よいアウトプットを選別して次のプロセスに渡しているか？

④ プロセスに悪さと弱さがひそんでいるか？

Q9-4：事例

- 当社の仕様を満たした製品を確実に供給して欲しい（顧客）
- 当社の指定する期日どおりに製品を納入して欲しい（顧客）
- 顧客指定の供給者品質保証マニュアル（顧客）
- 関連する法規制
- ISO や JIS などの関連規格など

Step 10 プロセスを改善する

《Step10で学ぶこと》

いよいよ最後のステップです．このステップではプロセス改善の具体的方法について理解していただきます．改善の基本はPDCAで，このPDCAのサイクルを適切に回し続けることが大切です．プロセスの改善は，日ごろの業務の中で日常管理として実施します．また，現場改善活動においてもプロセスの改善は期待できます．会社全体で取り組まれている方針管理もプロセスや品質マネジメントシステムの改善に活かされます．方針管理では，問題が起こってから行動を起こすのではなく，あらかじめ定められた目標を達成するための前向きな活動なので，悪いところや弱いところを直すというよりも，よりよいプロセス，よりよい品質マネジメントシステムにステップアップする活動と言えます．

《プロセスアプローチへのStep10》

START

▼

- **Step 1** プロセスを理解する
- **Step 2** プロセスアプローチを理解する
- **Step 3** 仕事でプロセスを考える
- **Step 4** プロセスの目を理解する
- **Step 5** リスクの目を理解する
- **Step 6** プロセスの目で分析する
- **Step 7** リスクの目で分析する
- **Step 8** プロセスを管理する
- **Step 9** プロセスを監査する
- あなたの現在地 → **Step10** プロセスを改善する
  - **10-1** プロセスのＰＤＣＡ
  - **10-2** 日常管理で改善する
  - **10-3** 現場改善活動で改善する
  - **10-4** 方針管理で改善する

▼

GOAL

Step
10-1

プロセスのPDCA

向上心のある人は必ず成長します．つねに現状に満足せず，より自分を高めようと努力している人と何も考えず現状に甘んじている人とは圧倒的な差がついてしまいます．向上心があり自分をより高めようと努力している人は，成長して自分の夢をつかむことができるので，幸せな人生を歩むことになるでしょう．

プロセスも向上心をもってより高めようと努力すれば，成長するのです．プロセスの成長とはまさしく，よりよい結果が出せるようにプロセスが改善されることなのです．改善のサイクルとしてよく知られている言葉に**PDCAサイクル**があります．PDCAとは，Plan（計画），Do（実施），Check（確認），Act（処置）のことで，仕事を例にすると，P：仕事をどう進めるか手順を決める，D：手順どおりに実施する，C：手順どおりに実施できているかどうか確認する，A：手順どおりに実施できていなければ，手順どおりにできるよう処置する　ということです．

改善のサイクルであるPDCAサイクルに関しては，次のように考えます．これも仕事を例にすると，P：仕事をどう進めるか手順を決める，D：手順どおりに実施する，C：その手順が有効か（本当にそれでよいのか）どうか確認する，A：有効な手順でなければ，検討して有効な手順に変える　ということです．最後のAでは，手順を変えることになるので，P→D→C→A→Pとつながっていきます．

プロセスの改善にも当然このPDCAサイクルにしたがっていくことが大切です．サイクルなのでPDCAサイクルを回すとか，PDCAを回すという表現をします．したがって，プロセスに対してPDCAを回して改善していくことが求められるのです．

“プロセスの目”，“リスクの目”によってプロセスの運用方法を決めて，運用方法どおりに実施して，そこで生じた問題や新たな課題を確認して，問題や課題に対する解決方法を検討し，プロセスの運用方法を変えるというサイクルを回すのです．Aの解決方法を検討するにあたっても“プロセスの目”，“リスクの目”を使います．

PDCAサイクルを回して，プロセスの改善をする機会としては，プロセス監査がありますが，それだけではありません．日常管理による改善，現場改善活動による改善，方針管理による改善があります．

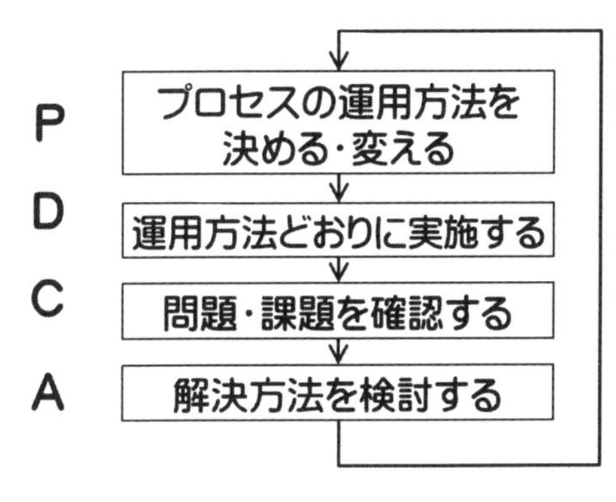

考えてみよう！

Q10-1：あなたが携わっている仕事や業務で，最近発生した問題を挙げてください．それはプロセスの何を変えるとよいか考えてください．

記入欄 例）人による作業のばらつきが多くなった → 力量基準（人）

・

・

Step
10-2

日常管理で改善する

プロセス監査は，定期的な健康診断に相当し，プロセスにひそむ悪さや弱さを見出すことで，よりよいプロセスにしていきましょうということでした．しかし，皆さんもご存じのように，定期健診だけで健康が保たれるということはないのです．やはり，日常生活で健康に心がけていなければ健康にはなれません．**プロセスも同じで，プロセスの健康すなわちプロセスの改善にとってプロセス監査だけでは不十分です．日常管理の中でプロセス改善を行うことが大変重要なのです**．

皆さんは，日々業務にはげんでいることと思いますが，常に問題が起こっているのではないでしょうか．問題がない日はないと言えるくらいです．業務はプロセスということでしたので，プロセスでの問題が日々起こっていると言えます．日常管理では，これらの日々の問題を見逃さないように目を光らせてチェックします．

問題が発生したら，プロセスの責任者は，“プロセスの目”のどこが悪かったのか，“リスクの目”のどこが弱かったのかを調査し，その原因を取り除き改善していくのです．問題を人のせいにしてはいけません．なぜなら，人のせいにしてしまったら，それで終わってしまいプロセスの改善につながらないからです．**“人は悪くない．悪いのはプロセスである”**という考え方をプロセスの責任者は強く認識していなければなりません．

“プロセスの目”，“リスクの目”でベストを尽くして明らかにしたプロセスの運用方法であれば，まず間違いないはずなのです．決められたプロセスの運用方法を決められたとおりに実施していれば，問題は起こらないし，よい結果が得られるはずなのです．にもかかわらず問題が起こったり，よい結果が得られなかったりしたということは，プロセスの運用方法が決められたとおりに実施されていなかったのか，プロセスの運用方法自体がよくなかったということなので，そこを直さなければならないのです．それをプロセスの責任者がリーダーシップを発揮して実行するのです．

発生した問題を二度と起こさないようにするためには，小手先の対応ではなくプロセスの改善まで行うことが重要なのです．効果的な再発防止にはプロセスの改善が必ず伴います．

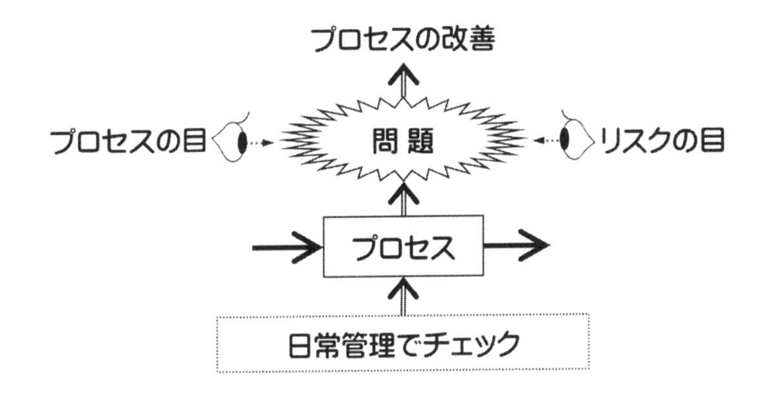

考えてみよう！

Q10-2：あなたが携わっている仕事や業務で，問題発生後の対策でプロセスの改善まで行った事例を挙げてください．

記入欄 例）人による作業のばらつきが多かったので作業手順を取り決めた．

・

・

Step
10-3

現場改善活動で改善する

チーム改善活動やQCサークル活動など，現場で働く人々が参加する現場改善活動は品質向上や生産性向上に大きく貢献しています．地道な改善活動を継続的に行うことで“ちりも積もれば山となる”の言葉のように，会社の収益にも影響します．そうした理由から現場改善活動が盛んな会社ほど高収益なのでしょう．

現場改善活動でよく使われている手法に**QCストーリー**というのがあります．これは，**テーマの選定→現状の把握と目標の設定→要因の解析→対策の検討→対策の実施→効果の確認→標準化と管理の定着（歯止め）→反省と今後の対応**というステップで問題を解決していこうというものです．ここで着目すべきことは，対策に効果があったのかどうか確認し，効果があると認められた場合に，次のステップで**標準化**と管理の定着を行うということです．この**標準化とは，取り決めたことを皆がわかるように目で見えるかたちにする**ことです．すなわち**現場改善活動の最後には，必ず標準化が伴っている**のです．

現場改善活動の舞台はどこかというと，日々業務を行っているプロセスです．したがって現場改善活動の最後は**標準化なのでプロセスにおける新たな取り決めや取り決めの変更を目で見てわかるかたちにする**ということです．これは**“プロセスの目”と“リスクの目”の何かを追加あるいは変更することとまったく同じ**です．そうです，チーム改善活動やQCサークル活動などの**現場改善活動は，プロセスの改善につながっている**のです．

日常管理は，業務の一環として行われますが，現場改善活動は，上司や会社からの指示や命令ではなく，現場で働く人々が自主的に行うものです．自分たちが自ら課題を抽出しテーマを決めて，自ら取り組んでいくことで，改善の効果だけでなく意識の向上も期待できます．プロセスには，必ず人がかかわっているので，改善に対する意識が向上することでプロセスに対する認識がより深まっていくのです．

こうしてみると現場改善活動においても，“プロセスの目”，“リスクの目”が役立つことがわかりますし，逆に“プロセスの目”，“リスクの目”を役立てることを心がけなければならないのです．

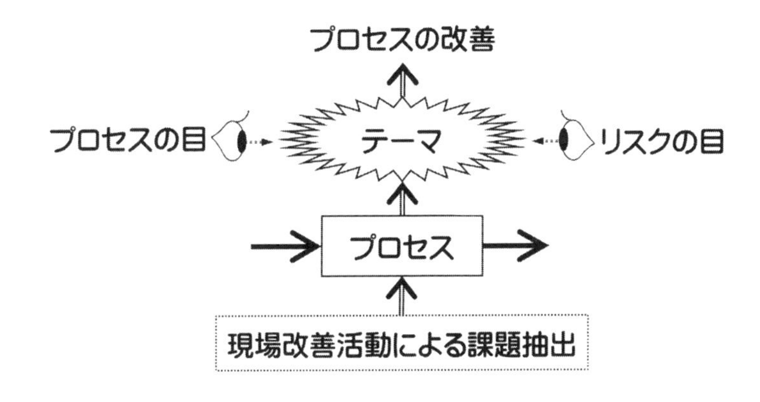

考えてみよう！

Q10-3：あなたが参加している現場改善活動で，プロセスの改善につながった事例を挙げてください．

記入欄　例）棚から取り出すときに材料を取り間違えないように，棚に材料の写真をつけた．棚には必ず写真をつけるよう管理手順書に追加した．

・

・

Step

10-4

方針管理で改善する

あなたの会社でも経営方針や品質方針を定めて，全社に展開し，各部署で目標を設定し，計画立てて目標達成活動をしていることでしょう．**働く人々が同じ方向を目指すことで方針や目標が達成できる**のです．これは**方針管理**というもので，経営責任者が経営方針や品質方針を打ち出して，全社の目標や各部署の目標を定め，目標達成計画を策定し，計画どおりに進んでいるかどうかその進捗を定期的に確認し，必要に応じて計画を修正して，最終的に目標が達成できたかどうかを確認します．そして計画や実績を振り返って反省し，次の新たな計画に反映させるのです．

プロセスの改善はこの方針管理でも行われます．方針管理では，問題が起こってから行動を起こすのではなく，あらかじめ定められた目標を達成するための前向きな活動なのです．各部署の目標はプロセスまで展開されます．ずばり，**プロセスでは“指標”のレベルを上げる**ことにつながるのです．“プロセスの目”と“リスクの目”を思い出してみましょう．

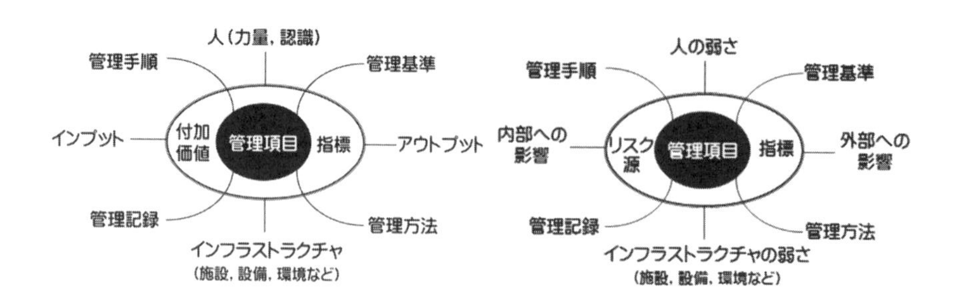

左側つまり右目が“プロセスの目”，右側つまり左目が“リスクの目”です．それぞれに“指標”がありますが，この“指標”のレベルを上げることにつながるのです．

例えば，部署の目標に，“生産性向上○○%アップ”とあれば，手順などを改善して“指標”である“作業時間○○分以内”をさらに短縮することができます．このように方針管理で設定された目標からプロセスの改善につながるのです．

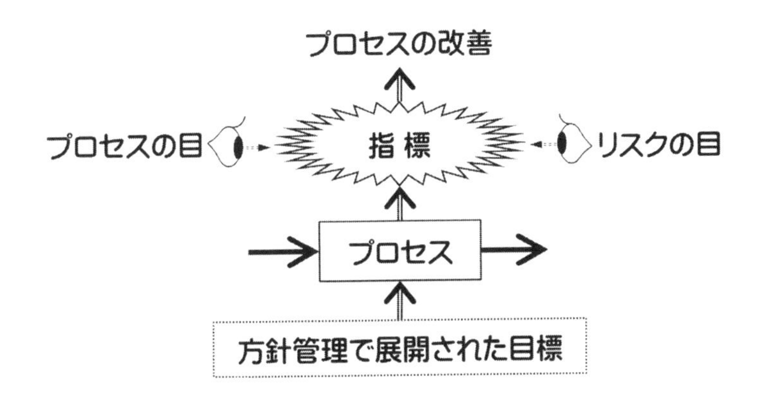

考えてみよう！

Q10-4：あなたの部署の目標（経営方針や品質方針から導かれた目標）を挙げてください．それが，プロセスの指標に結び付くかどうか確認してください．

記入欄　例）目標：苦情件数昨年度比50%減
指標：ミス発生件数ゼロ　……結び付いている

・
・
・

考えてみよう！ 解答例

Step10の解答も会社によって異なります．したがって，事例として取り上げたレストランを想定して解答例を示します．

Q10-1：

- 料理の失敗が多発した
  - → 調理器具の維持管理方法（インフラストラクチャ）
- 歩留まりが悪くなった
  - → 材料の変更管理方法（インプット）

Q10-2：

- 新人が必ずミスをした
  - → 新人の教育方法を変えた
- 調理場が暑くて熱中症になった
  - → 調理場に温度計を設置して温度管理を行うことにした

Q10-3：

- 生肉を切る包丁とまな板，生サラダの野菜を切る包丁とまな板をそれぞれ分けて，包丁の持ち手やまな板を異なる色にして識別した．色別の分類について調理マニュアルに追加した．

Q10-4：

- レストランの目標として，“登録会員20％増”が設定されている．調理部署における調理プロセスでは，“味の評判”を指標としており，味の評判がよくなれば，登録会員が増えることが予想されるので，レストランの目標とプロセスの指標に結び付きがあると言える．

付録

appendix ❶

ゴールから最終目的への道すじ

これで，すべてのStepを終了しました．そうです，あなたはとうとうゴールに到達したのです．確実に“プロセスアプローチ”が身についていることと思います．しかし，これで終わりではありません．**組織にかかわるすべての人々が幸せになってこそ，“プロセスアプローチ”の最終目的が達成できたことになるのです．**皆さん自身の仕事や部署としての業務，組織としての事業を通じて“プロセスアプローチ”を実践することで最終目的が達成できることを説明しました．しかし，一人でがんばっても限界があります．品質マネジメントシステムの責任者（トップマネジメントや管理責任者）が主導して，組織全体で取り組むことで最終目的は達成できるのです．

プロセスアプローチのゴールから最終目的への道すじを示します．この道すじにしたがって，最終目的に突き進んでください．

あとは最終目的の達成を待つのみです．

組織にかかわるすべての人々が幸せになることを祈っています．

プロセスアプローチのゴールから最終目的への道すじ

	取り組み	本書参照先
1)	トップマネジメントがプロセスアプローチとは何かを理解する．	**Step 1，Step 2**
2)	トップマネジメントがプロセスアプローチによって達成する最終目的を再確認する．	導入 introduction

3)	トップマネジメントがプロセスアプローチを実現し，最終目的を達成することを所信表明する.	導入 introduction
4)	品質マネジメントシステムの責任者及びプロセスの責任者がプロセスアプローチとは何かを理解する.	**Step 1，Step 2**
5)	プロセスの運用担当者がプロセスアプローチとは何かを理解する.	**Step 1，Step 2，Step 3**
6)	組織のプロセスとそのつながりを明確にする(プロセスフローチャートなど).	**Step 3**
7)	プロセスの責任者及び運用担当者がプロセスの目・リスクの目を理解する.	**Step 4，Step 5**
8)	プロセスの責任者を中心にプロセスの目・リスクの目分析を行う.	**Step 4，Step 5，Step 6，Step 7**
9)	品質マネジメントシステムの責任者がすべてのプロセスにおけるプロセスの目・リスクの目分析結果を確認し，調整する.	**Step 6，Step 7**
10)	最終的に決定し，トップマネジメントが承認する.	**Step 8，Step 9，Step 10**
11)	プロセスフローチャートとともにプロセスの目・リスクの目分析結果を組織全体で共有する.	**Step 8**
12)	組織全体でプロセスアプローチを実践する.	**Step 8**
13)	組織全体でプロセスを監査する.	**Step 9**
14)	組織全体でプロセスを改善する.	**Step 10**

付録
appendix ❷

プロセスアプローチ事例集

プロセスの目・リスクの目分析の事例を紹介します．何もない状態よりは，事例となるものがあった方が考えやすいことでしょう．しかし，これらはあくまでも事例なので，皆さんの組織にぴったりとは合っていませんし，考慮したすべての事項を記載しているわけではないので注意が必要です．プロセスにかかわる多くの人が積極的に参加して，プロセスの目・リスクの目分析に取り組んでください．

事例のプロセスは，方針展開プロセス，内部監査プロセス，是正処置プロセス，人事教育プロセス，営業プロセス，製品設計プロセス，工程設計プロセス，購買プロセス，製造プロセス，受注出荷プロセス，施工プロセスです．それぞれでプロセスの目・リスクの目分析を行っています．

営業プロセス，製品設計プロセス，工程設計プロセス，購買プロセス，製造プロセス，受注出荷プロセス，施工プロセスなど直接的に製造やサービス提供にかかわる活動を**製品実現プロセス**とか**サービス実現プロセス**といいます．

直接的なプロセスを適切に運営するために必要な間接的なプロセスには方針展開プロセス，内部監査プロセス，是正処置プロセス，人事教育プロセスなどがあります．これらの間接的なプロセスのうち方針展開プロセス，内部監査プロセスなどの組織全体の活動を**運営管理プロセス**といい，是正処置プロセス，人事教育プロセスなどの製品実現プロセス・サービス実現プロセスを支援する活動を**支援プロセス**といいます．

これら運営管理プロセス，製品実現・サービス実現プロセス，支援プロセスのつながりを明確にしておくことが必要です．

方針管理展開プロセス

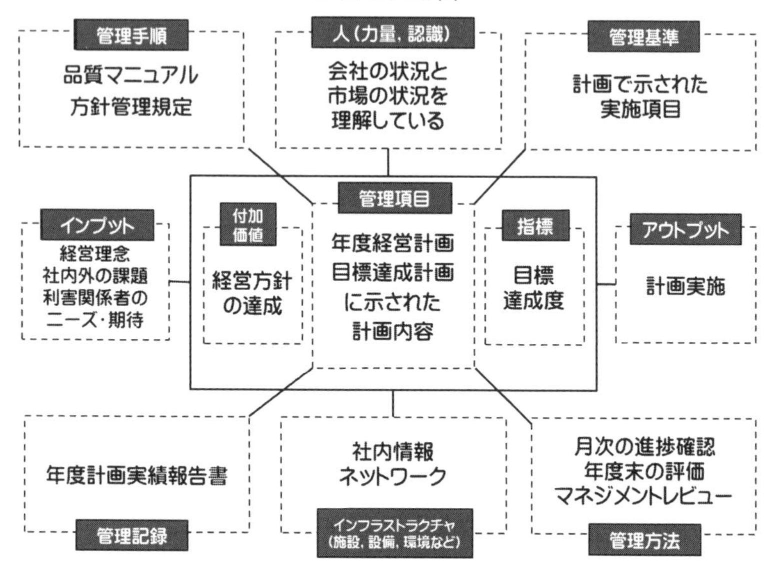
プロセスの目
管理手順
品質マニュアル
方針管理規定
人（力量，認識）
会社の状況と
市場の状況を
理解している
管理基準
計画で示された
実施項目
インプット
経営理念
社内外の課題
利害関係者の
ニーズ・期待
付加価値
経営方針
の達成
管理項目
年度経営計画
目標達成計画
に示された
計画内容
指標
目標
達成度
アウトプット
計画実施
年度計画実績報告書
管理記録
社内情報
ネットワーク
インフラストラクチャ
（施設，設備，環境など）
月次の進捗確認
年度末の評価
マネジメントレビュー
管理方法

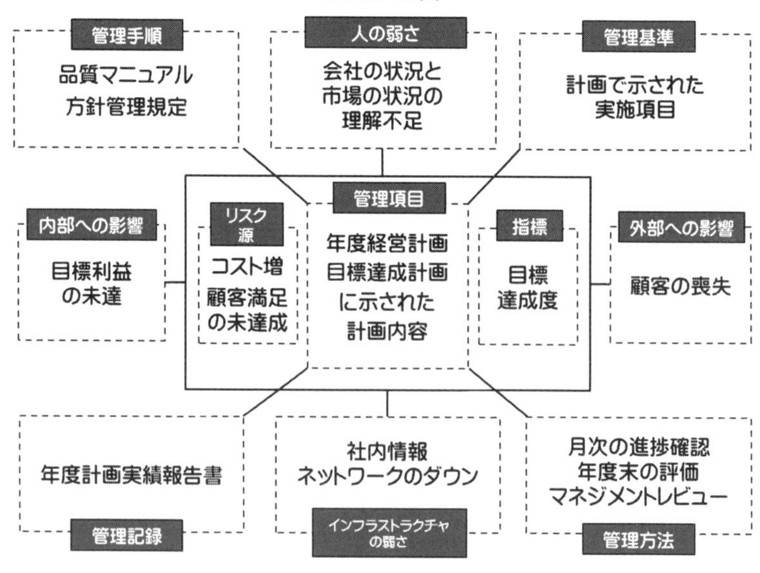
リスクの目
管理手順
品質マニュアル
方針管理規定
人の弱さ
会社の状況と
市場の状況の
理解不足
管理基準
計画で示された
実施項目
内部への影響
目標利益
の未達
リスク源
コスト増
顧客満足
の未達成
管理項目
年度経営計画
目標達成計画
に示された
計画内容
指標
目標
達成度
外部への影響
顧客の喪失
年度計画実績報告書
管理記録
社内情報
ネットワークのダウン
インフラストラクチャ
の弱さ
月次の進捗確認
年度末の評価
マネジメントレビュー
管理方法

内部監査プロセス

プロセスの目

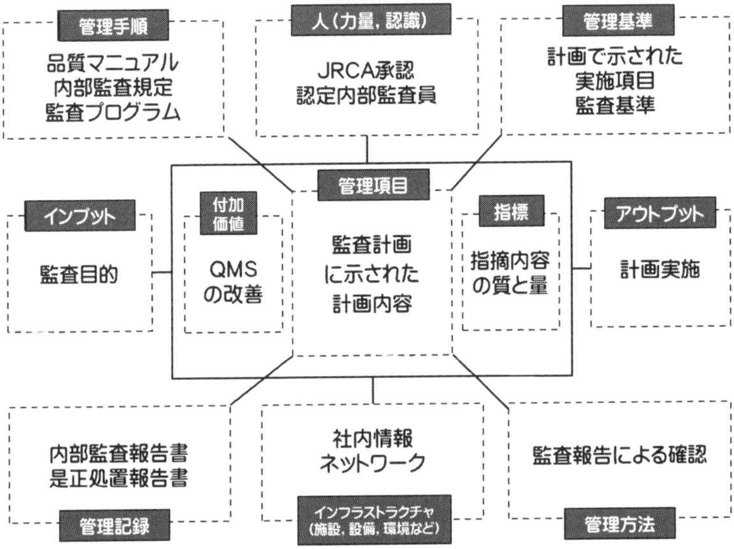

管理手順
品質マニュアル
内部監査規定
監査プログラム

人(力量,認識)
JRCA承認
認定内部監査員

管理基準
計画で示された
実施項目
監査基準

インプット
監査目的

付加価値
QMS
の改善

管理項目
監査計画
に示された
計画内容

指標
指摘内容
の質と量

アウトプット
計画実施

内部監査報告書
是正処置報告書
管理記録

社内情報
ネットワーク
インフラストラクチャ
(施設,設備,環境など)

監査報告による確認
管理方法

リスクの目

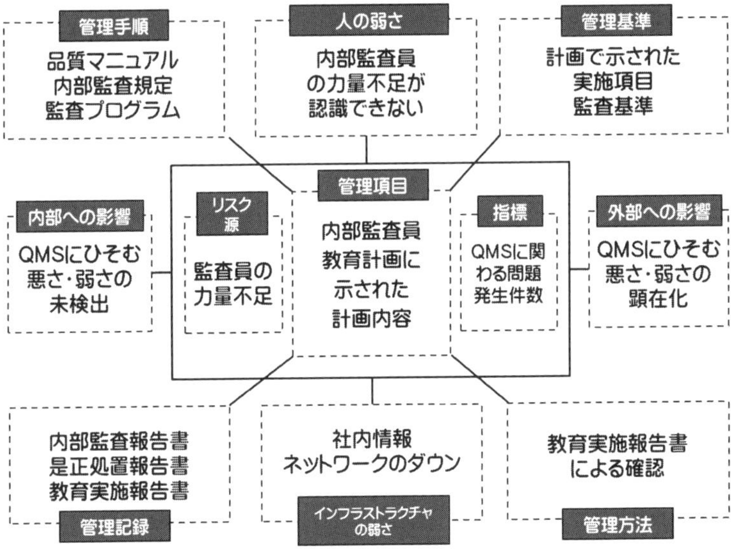

管理手順
品質マニュアル
内部監査規定
監査プログラム

人の弱さ
内部監査員
の力量不足が
認識できない

管理基準
計画で示された
実施項目
監査基準

内部への影響
QMSにひそむ
悪さ・弱さの
未検出

リスク源
監査員の
力量不足

管理項目
内部監査員
教育計画に
示された
計画内容

指標
QMSに関
わる問題
発生件数

外部への影響
QMSにひそむ
悪さ・弱さの
顕在化

内部監査報告書
是正処置報告書
教育実施報告書
管理記録

社内情報
ネットワークのダウン
インフラストラクチャ
の弱さ

教育実施報告書
による確認
管理方法

是正処置プロセス

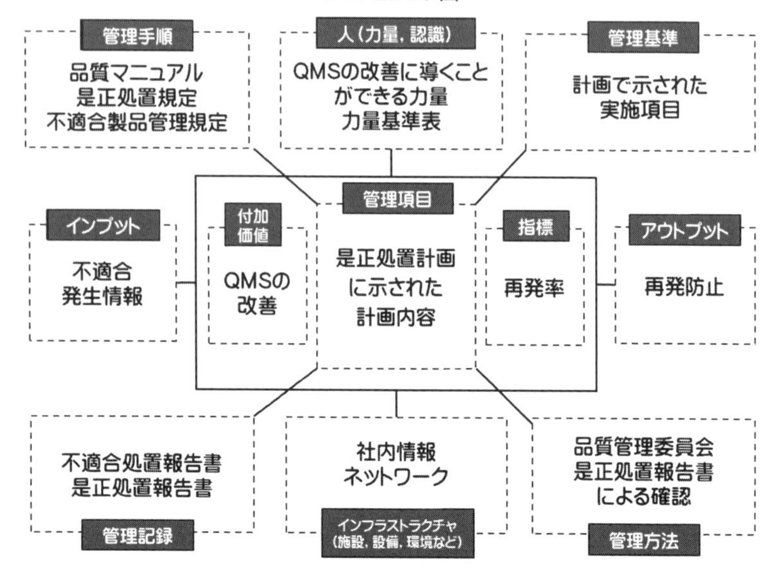

プロセスの目
管理手順
品質マニュアル
是正処置規定
不適合製品管理規定
人(力量，認識)
QMSの改善に導くことができる力量
力量基準表
管理基準
計画で示された実施項目
インプット
不適合発生情報
付加価値
QMSの改善
管理項目
是正処置計画に示された計画内容
指標
再発率
アウトプット
再発防止
不適合処置報告書
是正処置報告書
管理記録
社内情報ネットワーク
インフラストラクチャ(施設，設備，環境など)
品質管理委員会
是正処置報告書による確認
管理方法

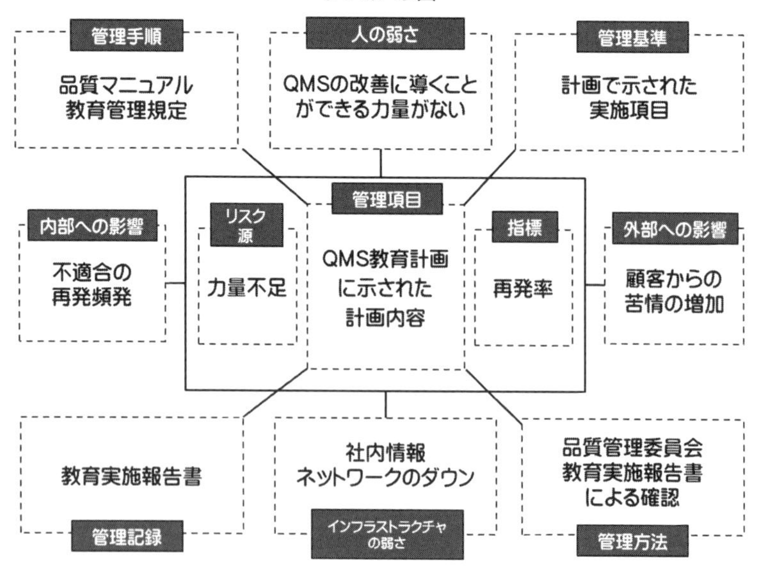

リスクの目
管理手順
品質マニュアル
教育管理規定
人の弱さ
QMSの改善に導くことができる力量がない
管理基準
計画で示された実施項目
内部への影響
不適合の再発頻発
リスク源
力量不足
管理項目
QMS教育計画に示された計画内容
指標
再発率
外部への影響
顧客からの苦情の増加
教育実施報告書
管理記録
社内情報ネットワークのダウン
インフラストラクチャの弱さ
品質管理委員会
教育実施報告書による確認
管理方法

人事教育プロセス

プロセスの目

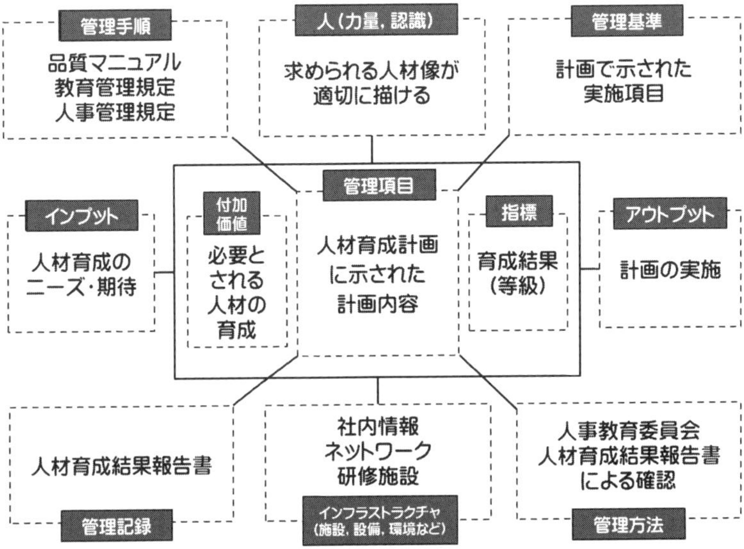

管理手順
品質マニュアル
教育管理規定
人事管理規定

人（力量，認識）
求められる人材像が
適切に描ける

管理基準
計画で示された
実施項目

インプット
人材育成の
ニーズ・期待

付加価値
必要と
される
人材の
育成

管理項目
人材育成計画
に示された
計画内容

指標
育成結果
（等級）

アウトプット
計画の実施

管理記録
人材育成結果報告書

インフラストラクチャ（施設，設備，環境など）
社内情報
ネットワーク
研修施設

管理方法
人事教育委員会
人材育成結果報告書
による確認

リスクの目

管理手順
品質マニュアル
教育管理規定
人事管理規定

人の弱さ
将来を不安視する

管理基準
プログラムで示された
実施項目

内部への影響
採用難

リスク源
魅力不足
育成不足

管理項目
採用プログラム
育成プログラム
に示された内容

指標
採用率
流出率

外部への影響
人材の流出

管理記録
採用結果報告書
人材育成結果報告書

インフラストラクチャの弱さ
被採用者の
ニーズ・期待情報
の不足

管理方法
人事教育委員会
による確認

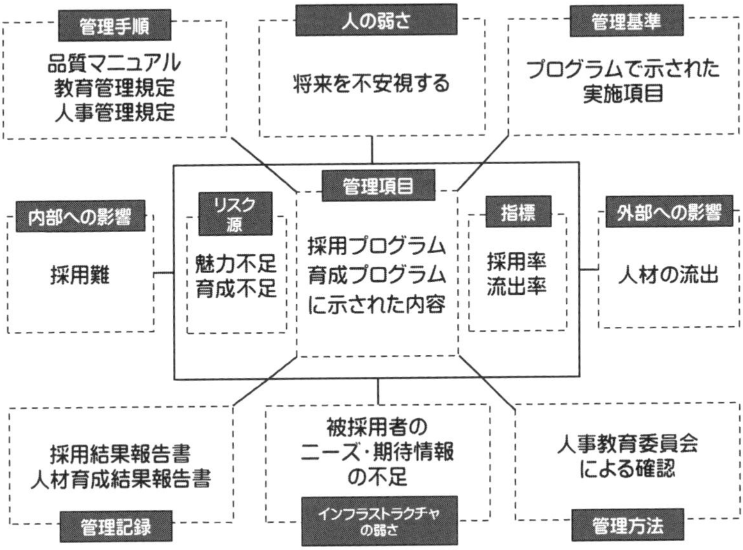

営業プロセス

プロセスの目

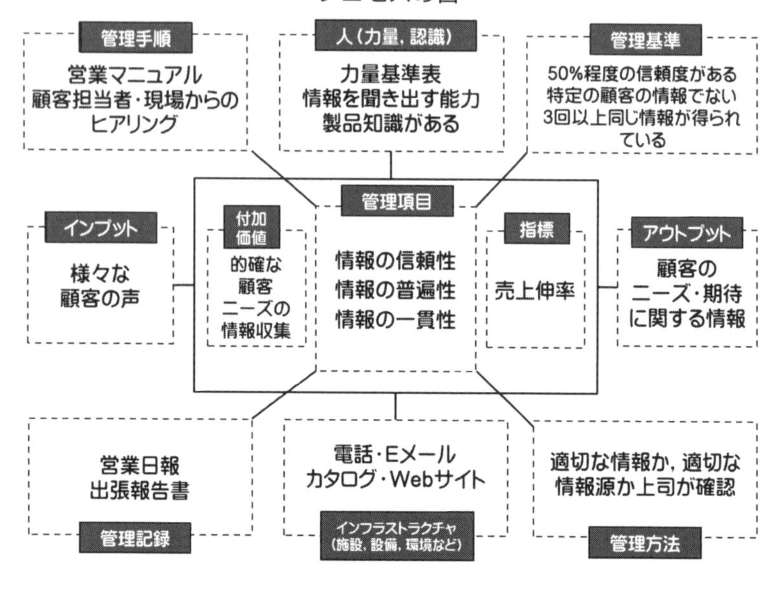

リスクの目

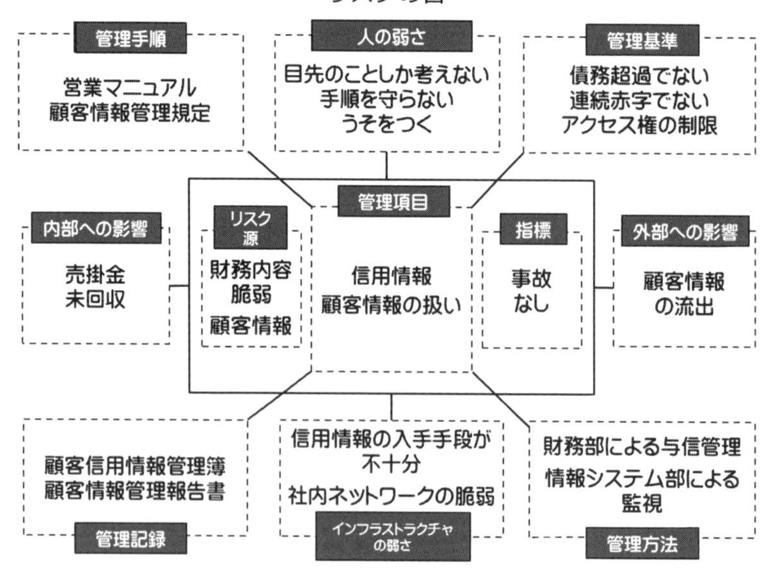

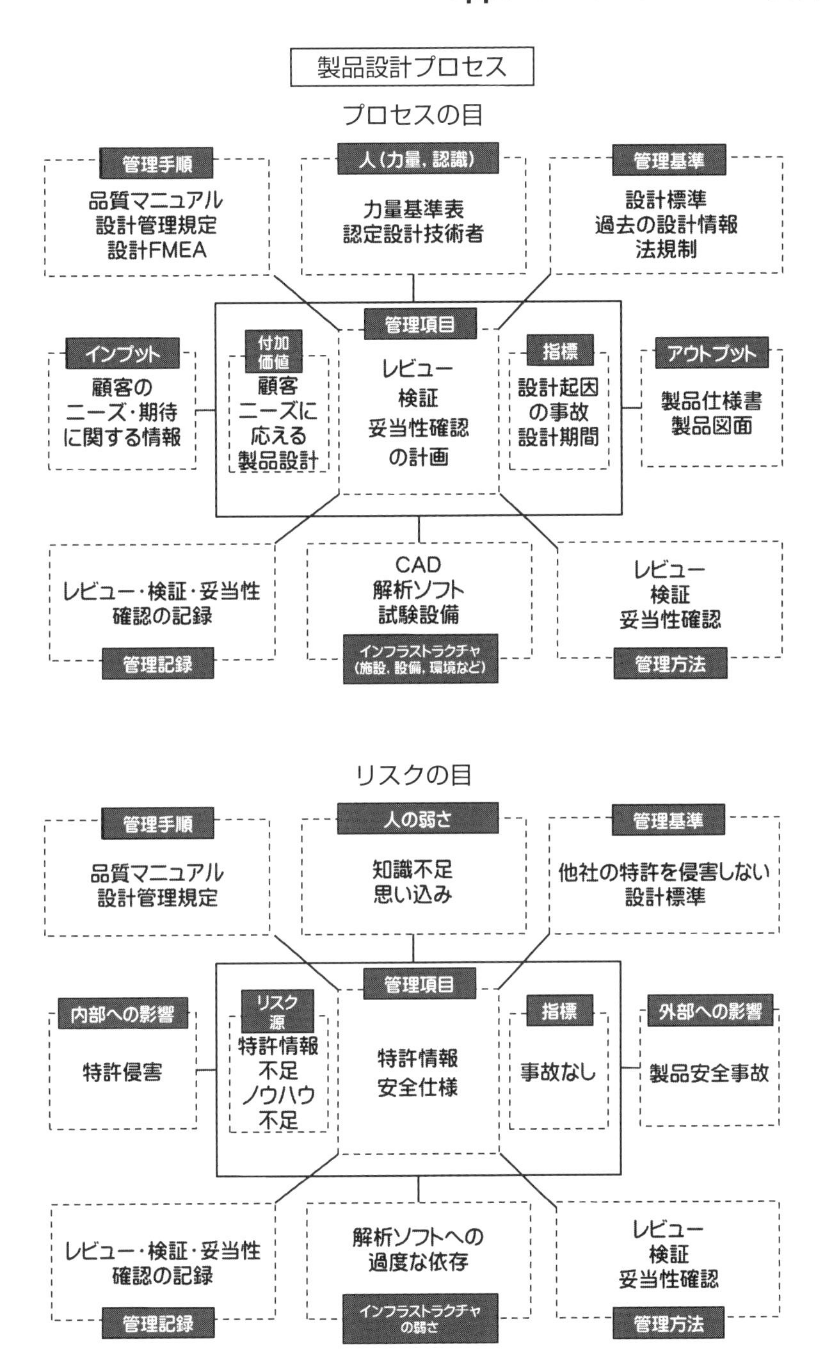

製品設計プロセス
プロセスの目
管理手順
品質マニュアル
設計管理規定
設計FMEA
人（力量，認識）
力量基準表
認定設計技術者
管理基準
設計標準
過去の設計情報
法規制
インプット
顧客の
ニーズ・期待
に関する情報
付加価値
顧客
ニーズに
応える
製品設計
管理項目
レビュー
検証
妥当性確認
の計画
指標
設計起因
の事故
設計期間
アウトプット
製品仕様書
製品図面
レビュー・検証・妥当性
確認の記録
管理記録
CAD
解析ソフト
試験設備
インフラストラクチャ
（施設，設備，環境など）
レビュー
検証
妥当性確認
管理方法
リスクの目
管理手順
品質マニュアル
設計管理規定
人の弱さ
知識不足
思い込み
管理基準
他社の特許を侵害しない
設計標準
内部への影響
特許侵害
リスク源
特許情報
不足
ノウハウ
不足
管理項目
特許情報
安全仕様
指標
事故なし
外部への影響
製品安全事故
レビュー・検証・妥当性
確認の記録
管理記録
解析ソフトへの
過度な依存
インフラストラクチャ
の弱さ
レビュー
検証
妥当性確認
管理方法

工程設計プロセス

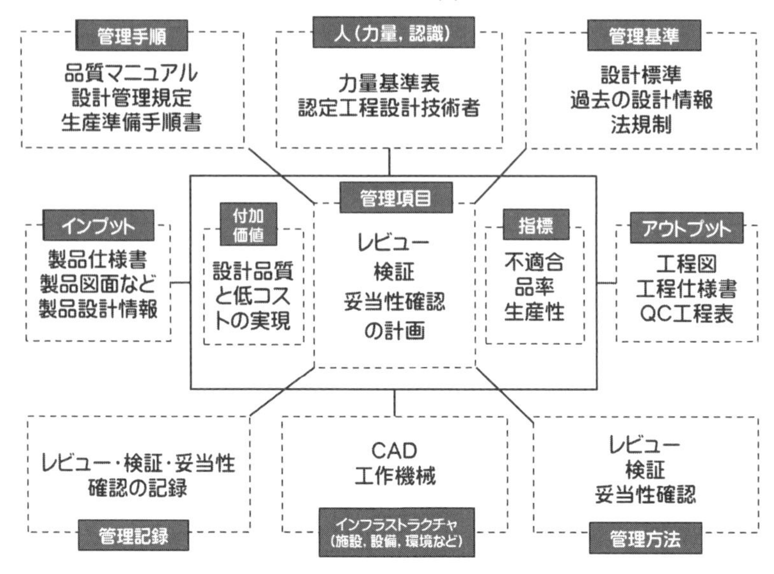
プロセスの目
管理手順
品質マニュアル
設計管理規定
生産準備手順書
人（力量，認識）
力量基準表
認定工程設計技術者
管理基準
設計標準
過去の設計情報
法規制
インプット
製品仕様書
製品図面など
製品設計情報
付加価値
設計品質と低コストの実現
管理項目
レビュー
検証
妥当性確認
の計画
指標
不適合
品率
生産性
アウトプット
工程図
工程仕様書
QC工程表
レビュー・検証・妥当性
確認の記録
管理記録
CAD
工作機械
インフラストラクチャ
（施設，設備，環境など）
レビュー
検証
妥当性確認
管理方法

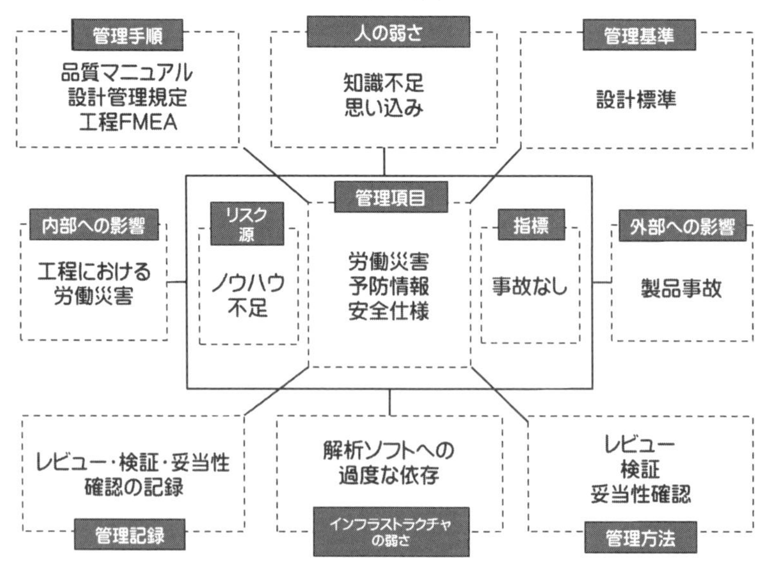
リスクの目
管理手順
品質マニュアル
設計管理規定
工程FMEA
人の弱さ
知識不足
思い込み
管理基準
設計標準
内部への影響
工程における
労働災害
リスク源
ノウハウ
不足
管理項目
労働災害
予防情報
安全仕様
指標
事故なし
外部への影響
製品事故
レビュー・検証・妥当性
確認の記録
管理記録
解析ソフトへの
過度な依存
インフラストラクチャ
の弱さ
レビュー
検証
妥当性確認
管理方法

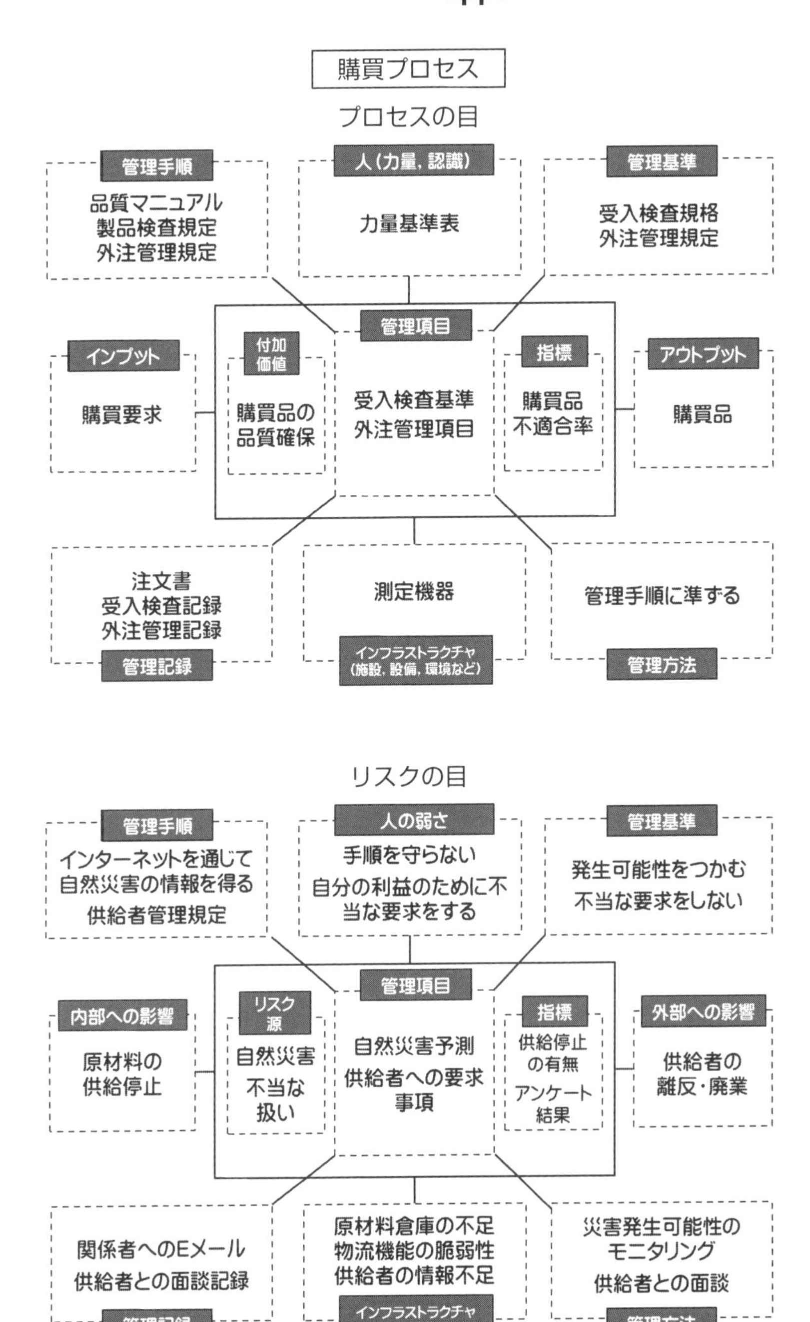

購買プロセス
プロセスの目
管理手順
品質マニュアル
製品検査規定
外注管理規定
人（力量，認識）
力量基準表
管理基準
受入検査規格
外注管理規定
インプット
購買要求
付加価値
購買品の品質確保
管理項目
受入検査基準
外注管理項目
指標
購買品不適合率
アウトプット
購買品
注文書
受入検査記録
外注管理記録
管理記録
測定機器
インフラストラクチャ（施設，設備，環境など）
管理手順に準ずる
管理方法
リスクの目
管理手順
インターネットを通じて自然災害の情報を得る
供給者管理規定
人の弱さ
手順を守らない
自分の利益のために不当な要求をする
管理基準
発生可能性をつかむ
不当な要求をしない
内部への影響
原材料の供給停止
リスク源
自然災害
不当な扱い
管理項目
自然災害予測
供給者への要求事項
指標
供給停止の有無
アンケート結果
外部への影響
供給者の離反・廃業
関係者へのEメール
供給者との面談記録
管理記録
原材料倉庫の不足
物流機能の脆弱性
供給者の情報不足
インフラストラクチャの弱さ
災害発生可能性のモニタリング
供給者との面談
管理方法

受注出荷プロセス

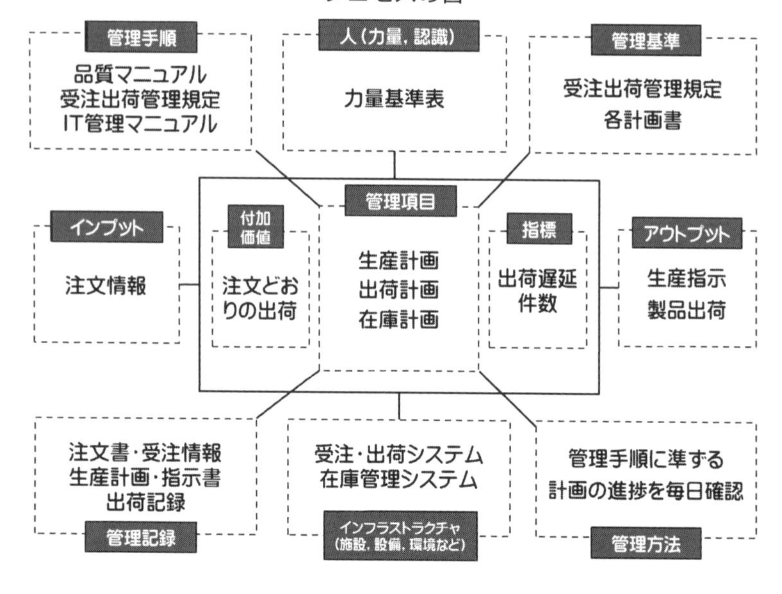
プロセスの目
管理手順
品質マニュアル
受注出荷管理規定
IT管理マニュアル
人(力量，認識)
力量基準表
管理基準
受注出荷管理規定
各計画書
インプット
注文情報
付加価値
注文どおりの出荷
管理項目
生産計画
出荷計画
在庫計画
指標
出荷遅延件数
アウトプット
生産指示
製品出荷
注文書・受注情報
生産計画・指示書
出荷記録
管理記録
受注・出荷システム
在庫管理システム
インフラストラクチャ
(施設，設備，環境など)
管理手順に準ずる
計画の進捗を毎日確認
管理方法

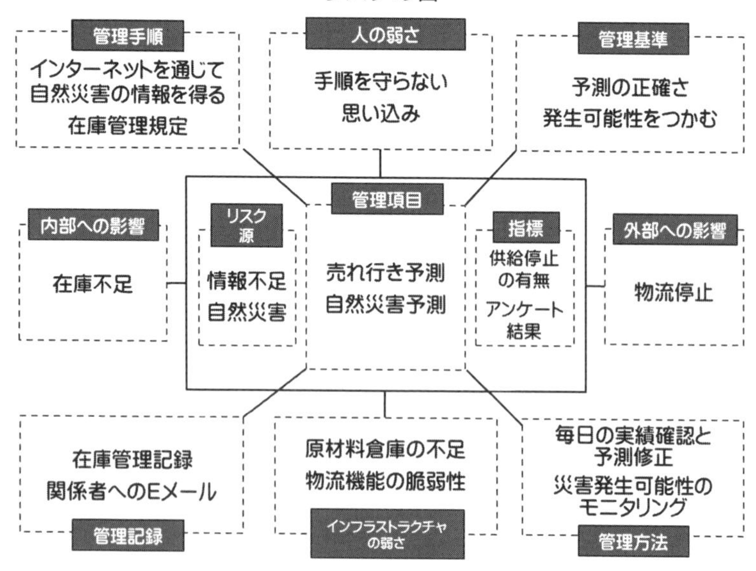
リスクの目
管理手順
インターネットを通じて
自然災害の情報を得る
在庫管理規定
人の弱さ
手順を守らない
思い込み
管理基準
予測の正確さ
発生可能性をつかむ
内部への影響
在庫不足
リスク源
情報不足
自然災害
管理項目
売れ行き予測
自然災害予測
指標
供給停止の有無
アンケート結果
外部への影響
物流停止
在庫管理記録
関係者へのEメール
管理記録
原材料倉庫の不足
物流機能の脆弱性
インフラストラクチャの弱さ
毎日の実績確認と
予測修正
災害発生可能性の
モニタリング
管理方法

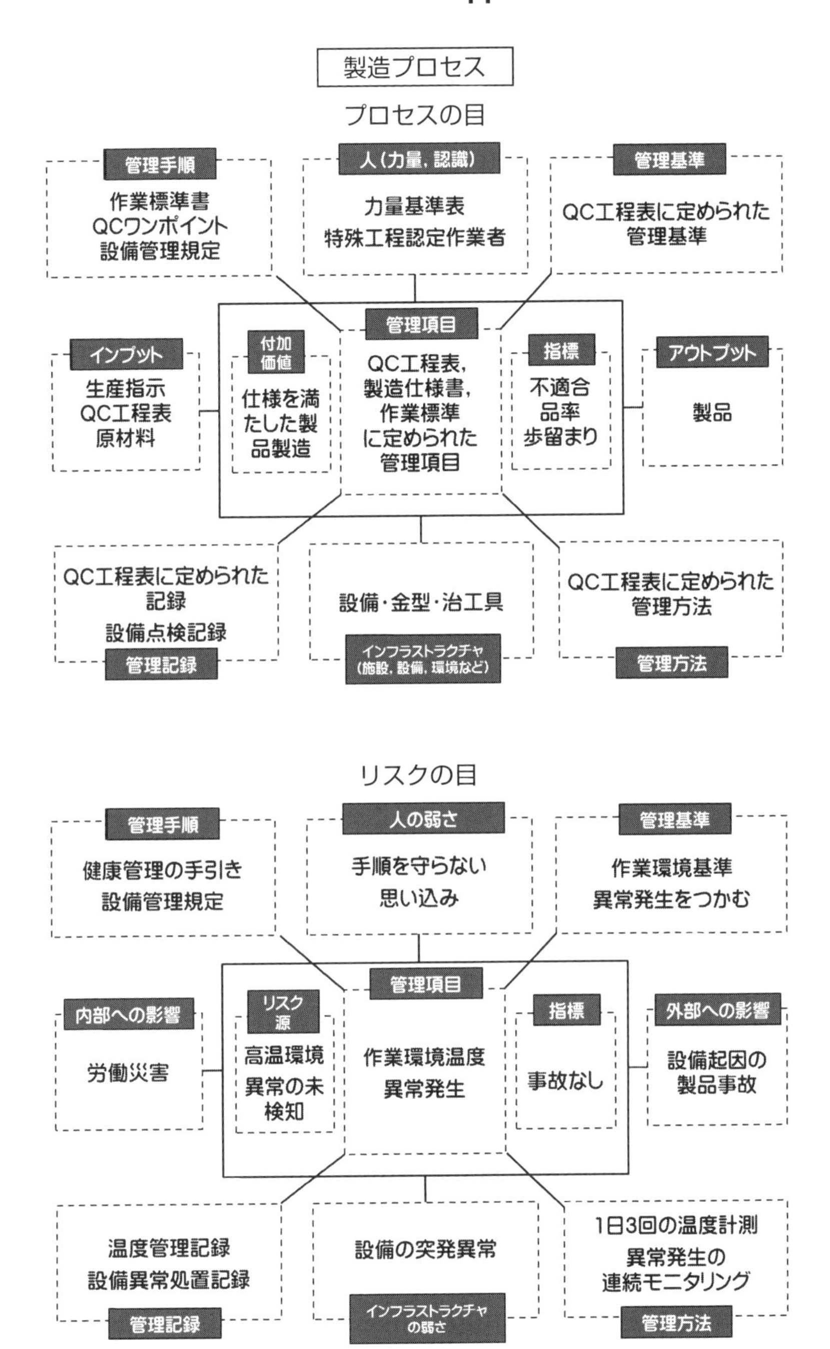
製造プロセス
プロセスの目
管理手順
作業標準書
QCワンポイント
設備管理規定
人(力量,認識)
力量基準表
特殊工程認定作業者
管理基準
QC工程表に定められた管理基準
インプット
生産指示
QC工程表
原材料
付加価値
仕様を満たした製品製造
管理項目
QC工程表,製造仕様書,作業標準に定められた管理項目
指標
不適合品率
歩留まり
アウトプット
製品
QC工程表に定められた記録
設備点検記録
管理記録
設備・金型・治工具
インフラストラクチャ(施設,設備,環境など)
QC工程表に定められた管理方法
管理方法
リスクの目
管理手順
健康管理の手引き
設備管理規定
人の弱さ
手順を守らない
思い込み
管理基準
作業環境基準
異常発生をつかむ
内部への影響
労働災害
リスク源
高温環境
異常の未検知
管理項目
作業環境温度
異常発生
指標
事故なし
外部への影響
設備起因の製品事故
温度管理記録
設備異常処置記録
管理記録
設備の突発異常
インフラストラクチャの弱さ
1日3回の温度計測
異常発生の連続モニタリング
管理方法

施工プロセス

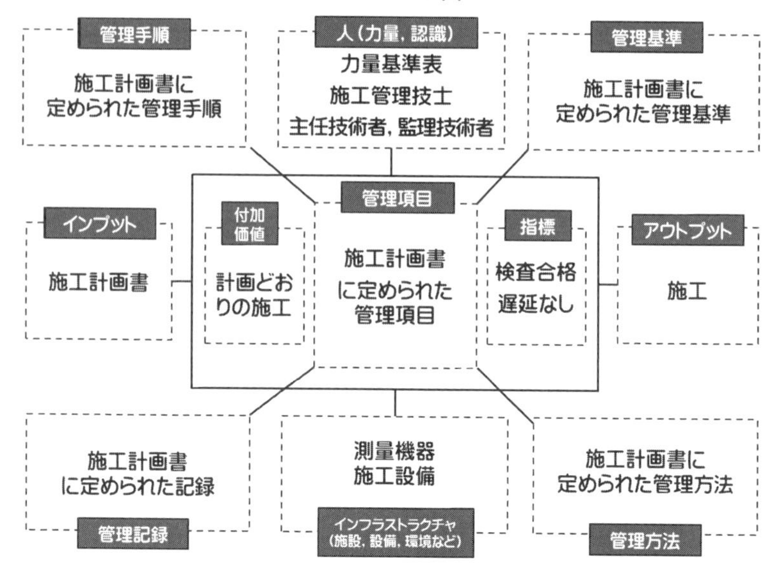
プロセスの目
管理手順
施工計画書に
定められた管理手順
人(力量, 認識)
力量基準表
施工管理技士
主任技術者, 監理技術者
管理基準
施工計画書に
定められた管理基準
インプット
施工計画書
付加価値
計画どおりの施工
管理項目
施工計画書
に定められた
管理項目
指標
検査合格
遅延なし
アウトプット
施工
施工計画書
に定められた記録
管理記録
測量機器
施工設備
インフラストラクチャ
(施設, 設備, 環境など)
施工計画書に
定められた管理方法
管理方法

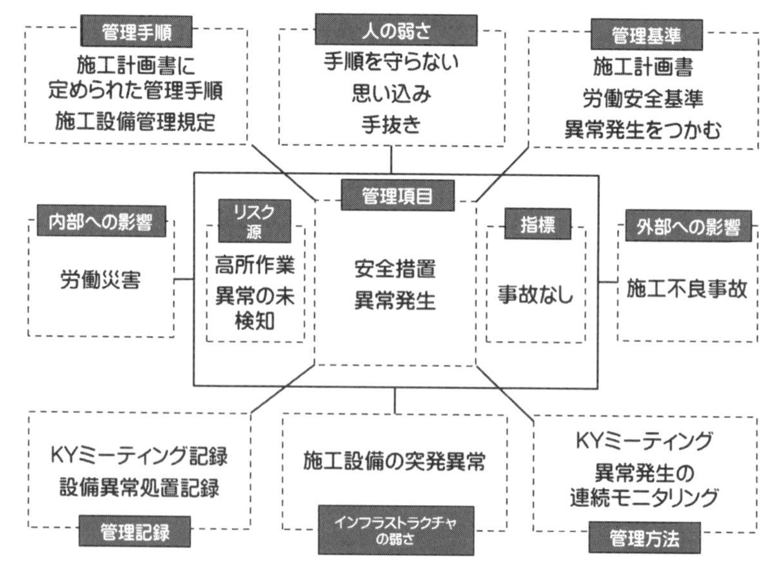
リスクの目
管理手順
施工計画書に
定められた管理手順
施工設備管理規定
人の弱さ
手順を守らない
思い込み
手抜き
管理基準
施工計画書
労働安全基準
異常発生をつかむ
内部への影響
労働災害
リスク源
高所作業
異常の未検知
管理項目
安全措置
異常発生
指標
事故なし
外部への影響
施工不良事故
KYミーティング記録
設備異常処置記録
管理記録
施工設備の突発異常
インフラストラクチャの弱さ
KYミーティング
異常発生の
連続モニタリング
管理方法

ISO 9001とプロセスアプローチ

ISO 9001と
プロセスアプローチとの関連

品質マネジメントシステムの基本はプロセスアプローチでした．ISO 9001の基本もプロセスアプローチです．実際，ISO 9001の0.3プロセスアプローチでは，“この規格は，顧客要求事項を満たすことによって顧客満足を向上させるために，品質マネジメントシステムを構築し，実施し，その品質マネジメントシステムの有効性を改善する際に，プロセスアプローチを採用することを促進する，プロセスアプローチの採用に不可欠と考えられる特定の要求事項を4.4に規定している”と記載されています．実はISO 9001の細分箇条4.4はプロセスアプローチの要求事項だったのです．

ISO 9001とプロセスアプローチの関連をプロセスの目・リスクの目との関連を示すことで説明します．ISO 9001の要求事項は□で囲んだ部分です．

4.4 品質マネジメントシステム及びそのプロセス 4.4.1 組織は，この規格の要求事項に従って，必要なプロセス及びそれらの相互作用を含む，品質マネジメントシステムを確立し，実施し，維持し，かつ，継続的に改善しなければならない。

【プロセスの目・リスクの目との関連】

品質マネジメントシステムはプロセスとそのつながりでできていることを示しています．プロセスの目でプロセスとそのつながりを明らかにし，プロセスの運用管理方法を明らかにすることで，この要求事項の意図することが満たせます．

組織は，品質マネジメントシステムに必要なプロセス及びそれらの組織全体にわたる適用を決定しなければならない。

【プロセスの目・リスクの目との関連】

プロセスが組織の中でどのようにつながり，それを誰が（どの部署）が担当するのかを決定することを求めています．プロセスの目によって，これらが決定されます．また，品質保証体系図やQMSフローチャートのようなプロセスフローチャートがあれば，よりわかりやすくなります．

また，次の事項を実施しなければならない。

a）これらのプロセスに必要なインプット，及びこれらのプロセスから期待されるアウトプットを明確にする。

【プロセスの目・リスクの目との関連】

プロセスの目によってインプットとアウトプットが明らかにされます．

b）これらのプロセスの順序及び相互作用を明確にする。

【プロセスの目・リスクの目との関連】

該当するプロセスの目によってインプットとアウトプットが明らかになるので，それらをつなげればプロセスの順序とどのようなつながりがあるかの相互作用が明らかになります．前述したプロセスフローチャートがあれば，よりわかりやすくなります．

c）これらのプロセスの効果的な運用及び管理を確実にするために

必要な判断基準及び方法（監視，測定及び関連するパフォーマンス指標を含む。）を決定し，適用する。

【プロセスの目・リスクの目との関連】

判断基準がプロセスの目の管理項目と管理基準に該当し，方法がプロセスの目の管理方法に該当します．パフォーマンス指標は指標に該当します．また，これらを明らかにするにあたり考慮すべきこととして付加価値があります．

d）これらのプロセスに必要な資源を明確にし，及びそれが利用できることを確実にする。
e）これらのプロセスに関する責任及び権限を割り当てる。

【プロセスの目・リスクの目との関連】

資源には人，インフラストラクチャ，運用環境などがあります．プロセスの目では，人（力量，認識），インフラストラクチャ（施設，設備，環境など）が該当します．プロセスに関する責任及び権限については，プロセスの責任者を決定することやプロセスを運用する人（力量，認識）で明らかになります．

f）6.1の要求事項に従って決定したとおりにリスク及び機会に取り組む。

【プロセスの目・リスクの目との関連】

この要求事項はプロセスでリスクに対応することを求めています．

また，6.1ではリスク及び機会に対して計画的に取り組むことを求めています．機会への取り組みについては，プロセスの目の付加価値の向上や追加，指標の向上で可能となります．リスクへの取り組みについては，リスクの目で明らかにされます．つまり，プロセスにおいて取り組むべきことは，プロセスの目によるプロセスアプローチとリスクの目によるリスクアプローチなのです．

> g）これらのプロセスを評価し，これらのプロセスの意図した結果の達成を確実にするために必要な変更を実施する。

【プロセスの目・リスクの目との関連】

プロセスの目においてもリスクの目においても，プロセスを見つめることを説明しました．指標を見つめて，ねらいどおりになっていなければプロセスの目とリスクの目の何かを変えなければなりません．

> h）これらのプロセス及び品質マネジメントシステムを改善する。

【プロセスの目・リスクの目との関連】

プロセスのPDCAを回すとはまさしくこのことです．改善の機会としては，定期的な健康診断であるプロセス監査に加え，日常管理，現場改善活動，方針管理によるプロセスの改善があります．そして，それらが品質マネジメントシステムの改善につながるのです．

> 4.4.2 組織は，必要な程度まで，次の事項を行わなければならない。
> a）プロセスの運用を支援するための文書化した情報を維持する。
> b）プロセスが計画どおりに実施されたと確信するための文書化した情報を保持する。

【プロセスの目・リスクの目との関連】

プロセスの運用管理に必要な文書や記録を必要に応じて用意することを求めています．プロセスの目・リスクの目の管理手順と管理記録が該当します．

その他にもプロセスアプローチにかかわる要求事項はISO 9001の随所にあります．ここでは主な箇所を取り上げます．

> 5.1 リーダーシップ及びコミットメント
> 5.1.1 一般
> トップマネジメントは，次に示す事項によって，品質マネジメントシステムに関するリーダーシップ及びコミットメントを実証しなければならない。
> c）組織の事業プロセスへの品質マネジメントシステム要求事項の統合を確実にする。
> d）プロセスアプローチ及びリスクに基づく考え方の利用を促進する。

【プロセスの目・リスクの目との関連】

プロセスの目・リスクの目でプロセスを運用すること自体が組織の事業プロセスと品質マネジメントシステムとの一体化を実現します．またトップマネジメントがプロセスの目・リスクの目を理解し，自ら主導して推進することで，この要求事項の意図することが満たされます．

> 5.3 組織の役割，責任及び権限
> トップマネジメントは，次の事項に対して，責任及び権限を割り当てなければならない。
> b）プロセスが，意図したアウトプットを生み出すことを確実にする。

【プロセスの目・リスクの目との関連】

プロセスが，意図したアウトプットを生み出すことを確実にするのはプロセスの責任者です．誰がどのプロセスを運用するのか，その責任と権限を決めなければなりません．それを決めるのはトップマネジメントに他ならないのです．

> 6 計画
> 6.1 リスク及び機会への取組み
> 6.1.2 組織は，次の事項を計画しなければならない。
> b）次の事項を行う方法
> 1）その取組みの品質マネジメントシステムプロセスへの統合及び実施（4.4参照）

【プロセスの目・リスクの目との関連】

6.1.2 b）1）は，リスク及び機会への取り組みをプロセスで実施することを求めています．プロセスの目・リスクの目でプロセスの運用管理方法を決定することで，この要求事項の意図することは満たされます．

> 6.2 品質目標及びそれを達成するための計画策定
> 6.2.1 組織は，品質マネジメントシステムに必要な，関連する機能，階層及びプロセスにおいて，品質目標を確立しなければならない。

【プロセスの目・リスクの目との関連】

品質目標は品質方針から導かれ展開されます．組織としての品質方針に加え品質目標が設定され，通常は各部署に展開されます．各部署にかかわるプロセスでプロセスの目における指標があれば，プロセスにおける品質目標が確立していることになります．

7 支援

7.1 資源

7.1.2 人々

組織は，品質マネジメントシステムの効果的な実施，並びにそのプロセスの運用及び管理のために必要な人々を明確にし，提供しなければならない。

7.1.3 インフラストラクチャ

組織は，プロセスの運用に必要なインフラストラクチャ，並びに製品及びサービスの適合を達成するために必要なインフラストラクチャを明確にし，提供し，維持しなければならない。

7.1.4 プロセスの運用に関する環境

組織は，プロセスの運用に必要な環境，並びに製品及びサービスの適合を達成するために必要な環境を明確にし，提供し，維持しなければならない。

7.1.6 組織の知識

組織は，プロセスの運用に必要な知識，並びに製品及びサービスの適合を達成するために必要な知識を明確にしなければならない。

7.2 力量

組織は，次の事項を行わなければならない。

a）品質マネジメントシステムのパフォーマンス及び有効性に影響を与える業務をその管理下で行う人（又は人々）に必要な力量を明確にする。

7.3 認識

組織は，組織の管理下で働く人々が，次の事項に関して認識をもつことを確実にしなければならない。

a）品質方針

b）関連する品質目標

c）パフォーマンスの向上によって得られる便益を含む，品質マネジメントシステムの有効性に対する自らの貢献

d）品質マネジメントシステム要求事項に適合しないことの意味

【プロセスの目・リスクの目との関連】

7.1.2はプロセスの目の人（力量，認識），7.1.3と7.1.4はプロセスの目のインフラストラクチャ（施設，設備，環境など）で明らかになります．7.1.6については，プロセスの運用管理方法を必要に応じて文書などにより誰でも見えるかたちにすれば，より理解が深まります．

7.2及び7.3についてはプロセスの目の人（力量，認識）そのものです．

8 運用

8.1 運用の計画及び管理

組織は，次に示す事項の実施によって，製品及びサービスの提供に関する要求事項を満たすため，並びに箇条6で決定した取組みを実施するために必要なプロセスを，計画し，実施し，かつ，管理しなければならない（4.4参照）。

【プロセスの目・リスクの目との関連】

顧客の要望（ニーズ・期待）から製品やサービスの提供までの直接的なプロセスにおいて，プロセスの目・リスクの目によって運用方法の決定（計画）→運用方法どおりに実施→問題・課題を確認→解決方法を検討→運用方法の変更のPDCAを回すことで，この要求事項の意図することが満たされます．

8.3 製品及びサービスの設計・開発

8.3.1 一般

組織は，以降の製品及びサービスの提供を確実にするために適切な設計・開発プロセスを確立し，実施し，維持しなければならない。

【プロセスの目・リスクの目との関連】

設計・開発のプロセスを確立することを求めています．プロセスの目・リスクの目によって設計・開発プロセスの運用管理方法を決定し，実施することで，この要求事項の意図することが満たされます．

8.5 製造及びサービス提供

8.5.1 製造及びサービス提供の管理

組織は，製造及びサービス提供を，管理された状態で実行しなければならない。管理された状態には，次の事項のうち，該当するものについては，必ず，含めなければならない。

c）プロセス又はアウトプットの管理基準，並びに製品及びサービスの合否判定基準を満たしていることを検証するために，適切な段階で監視及び測定活動を実施する。

d）プロセスの運用のための適切なインフラストラクチャ及び環境を使用する。

f）製造及びサービス提供のプロセスで結果として生じるアウトプットを，それ以降の監視又は測定で検証することが不可能な場合には，製造及びサービス提供に関するプロセスの，計画した結果を達成する能力について，妥当性確認を行い，定期的に妥当性を再確認する。

【プロセスの目・リスクの目との関連】

製造プロセスやサービス提供プロセスでの要求事項です．c)項の適切な段階で監視及び測定活動を実施することはプロセスの目のアウトプットを監視，測定すること，管理基準を満たしているかどうかを確認するために定められた管理方法を実施することで満たされます．

d）項については，プロセスの目のインフラストラクチャで明らかにされ，それを適切に維持し，使用することで満たされます．環境とは，作業環境のことで，プロセスの目ではインフラストラクチャに含まれます．ISO 9001では，“プロセスの運用に関する環境”という表題になっています．“プロセスの運用に関する環境”には，温度やほこりの状態などの物理的な作業環境だけでなく，国籍の違いや性的マイノリティというだけで差別を受けるなどの社会的要因も含みます，さらにストレスなどの心理的要因も含まれます．

> 9.2 内部監査
>
> 9.2.2 組織は，次に示す事項を行わなければならない。
>
> a）頻度，方法，責任，計画要求事項及び報告を含む，監査プログラムの計画，確立，実施及び維持。監査プログラムは，関連するプロセスの重要性，組織に影響を及ぼす変更，及び前回までの監査の結果を考慮に入れなければならない。

【プロセスの目・リスクの目との関連】

内部監査もプロセスアプローチが必要で，それはプロセス監査であることを説明しました．プロセス監査による定期的な内部監査は，プロセスの定期健診に相当します．“プロセスの目”に基づくプロセス監査によってプロセスにひそんでいる“悪さ”を見出し，“リスクの目”に基づくプロセス監査によってプロセスにひそんでいる“弱さ”を見出します．監査の取り決めである監査プログラムは，プロセスの重要性に応じてメリハリをつけることが求められています．

9.3.2 マネジメントレビューへのインプット

マネジメントレビューは，次の事項を考慮して計画し，実施しなければならない。

c）次に示す傾向を含めた，品質マネジメントシステムのパフォーマンス及び有効性に関する情報

3）プロセスのパフォーマンス，並びに製品及びサービスの適合

【プロセスの目・リスクの目との関連】

9.3.2 c）3）では，プロセスのパフォーマンスつまり結果のよしあしをマネジメントレビューにインプットすることを求めています．プロセスの結果とは，“プロセスの目”と“リスクの目”の指標の結果です．プロセスの責任者から品質マネジメントシステムの責任者を通じて，あるいは直接トップマネジメントに報告されます．

9.3.3 マネジメントレビューからのアウトプット

マネジメントレビューからのアウトプットには，次の事項に関する決定及び処置を含めなければならない。

a）改善の機会

b）品質マネジメントシステムのあらゆる変更の必要性

c）資源の必要性

【プロセスの目・リスクの目との関連】

品質マネジメントシステムはプロセスとそのつながりなので，改善の機会はプロセスにありますし，品質マネジメントシステムの変更はプロセスの変更を伴います。したがって，マネジメントレビューからのアウトプットには，“プロセスの目”と“リスクの目”の何かを変えるという決定とその処置について含めなければなりません．資源の必要性については“プロセスの目”の人とインフラストラクチャが該当します．

プロセスアプローチにかかわる用語

品質マネジメントシステムにかかわる基本的な考え方や用語の定義をしている規格にISO 9000があります．ISO 9000で定義されている用語のうちプロセスアプローチにかかわる用語を取り上げます．ISO 9000の用語の定義は□で囲んだ部分です．

プロセス（process）
インプットを使用して意図した結果を生み出す，相互に関連する又は相互に作用する一連の活動。

【解説】

プロセスは活動であることを説明しましたが，ISO 9000の定義でも活動となっています．プロセスには必ずインプットがあり，意図した結果であるアウトプットがあります．相互に関連する又は相互に作用するとはプロセスがお互いにつながっているとか，お互いに影響しあうことを意味しています．

品質マネジメントシステム（quality management system）
品質に関する，マネジメントシステムの一部。

【解説】

品質マネジメントシステムはプロセスとそのつながりで出来ていることを説明しました．マネジメントシステムの一部ということは，経営との一体化が前提となっているのです．

マネジメントシステム（management system）
　方針及び目標，並びにその目標を達成するためのプロセスを確立するための，相互に関連する又は相互に作用する，組織の一連の要素。

【解説】

要素とは組織の機能のことです．組織の機能としては，企画，営業，設計，購買，製造，人事，財務などがあり，それらの要素は独立しているのではなく，つながっています．要素がただ集まっているだけではなく，方針や目標をもって，それを達成する活動を行ってこそ，マネジメントシステムと言えるのです．

システム（system）
　相互に関連する又は相互に作用する要素の集まり。

【解説】

システムとは要素の集まりで，方針や目標をもって，それを達成する活動を行えばマネジメントシステムになります．

品質（quality）
　対象に本来備わっている特性の集まりが，要求事項を満たす程度。

【解説】

品質はよく使う言葉ですが，定義となると意外と難しいものです．実は要求事項を満たすかどうかが品質のよしあしを決めるのです．要求事項を満たせば品質はよい．満たさなければ品質は悪いということになります．対象とはありとあらゆるモノやコトを表し，本来備わっているとは，あとから加えられたものではないことを意味します．例えば希少な骨董品の値段が非常に高い場合があります，これは本来の機能とは関係なく希少という価値をあとから加えられたことになります．

> **要求事項（requirement）**
> 明示されている，通常暗黙のうちに了解されている又は義務として要求されている，ニーズ又は期待。

【解説】

要求事項を満たす程度が品質でした．その要求事項の定義です．こういうものが欲しいというニーズやこうありたいという期待のことですが，このニーズや期待には三つのパターンがあります．これらをわかりやすく皆さんがホテルを予約するときの例で説明します．一つ目の明示されているニーズ又は期待とは，○月○日にチェックイン，○泊，シングル，禁煙とホテルに伝えることが該当します．二つ目の通常暗黙のうちに了解されているニーズ又は期待とは，タオルやシーツが洗濯してあることとか，清掃されていることとか，シャワーから湯が出るとか，言われなくてもあたり前に行っておくべきことが該当します．三つ目の義務として要求されているニーズ又は期待とは適用される法規制などが該当します．ホテルの例では消防法があって，カーテンやじゅうたんなどは防炎物品を使用すること，誘導灯・誘導標識を設置することなどがあります．これらはすべて要求事項なのです．

著者略歴

小林　久貴（こばやし　ひさたか）

1962年　愛知県生まれ

1986年　名古屋工業大学生産機械工学科卒業後，メーカー勤務

1996年　小林経営研究所設立コンサルタント業務開始

現　在　株式会社小林経営研究所代表取締役
http://www.kobayashi-keiei.com
一般社団法人品質マネジメント研修センター代表理事
http://www.qmtec.or.jp
中小企業診断士，品質マネジメントシステム主任審査員，環境マネジメントシステム主任審査員，米国品質協会認定品質技術者，QC検定過去問題解説委員会委員

専　門　経営システム改善の支援（プロセスの目・リスクの目®），業務改善・現場改善の支援（TK活動®），仕事力強化のための人材育成（5ミル®）

著　書　『理工系学生／技術系新入社員のための品質マネジメントシステム入門』（三恵社，2006）

『小さくても強い会社になるための“できる人”を育てるチーム改善のすすめ』（日本規格協会，2007）

『絶対に負けない・つぶれない経営戦略“ゴーイングコンサーン』（日本地域社会研究所，2011）

『人生を豊かにする仕事力強化法“5ミルのすすめ”』（日本規格協会，2013）

『2015年改訂対応 やさしいISO 9001（JIS Q 9001）品質マネジメントシステム入門』（日本規格協会，2015）

『過去問題で学ぶQC検定』（共著，日本規格協会，1級隔年，2～3級毎年発行）

など著書多数

ISO 9001：2015　プロセスアプローチの教本
―実践と監査へのステップ 10

定価：本体 1,500 円（税別）

2016 年12月 15 日　第 1 版第 1 刷発行
2019 年 4 月 26 日　第 5 刷発行

著　　者　小林　久貴
発 行 者　揖斐　敏夫
発 行 所　一般財団法人　日本規格協会
〒 108-0073　東京都港区三田 3 丁目 13-12　三田 MT ビル
https://www.jsa.or.jp/
振替　00160-2-195146

製　　作　日本規格協会ソリューションズ株式会社
印 刷 所　株式会社平文社
製作協力　株式会社群企画

©Hisataka Kobayashi, 2016　Printed in Japan

ISBN978-4-542-30670-7

● 当会発行図書，海外規格のお求めは，下記をご利用ください．
JSA Webdesk（オンライン注文）：https://webdesk.jsa.or.jp/
通信販売：電話（03）4231-8550　FAX（03）4231-8665
書店販売：電話（03）4231-8553　FAX（03）4231-8667